Toxiques

Les Avrils
Groupe Delcourt
8, rue Léon-Jouhaux
75010 Paris
lesavrils@editions-delcourt.fr

www.lesavrils.fr

Toxiques

Suzanne
Privat

Les Avrils

Ce livre est une œuvre de fiction inspirée de faits réels. Les propos rapportés des réseaux sociaux sont authentiques, seule l'identité de leurs auteurs a été modifiée. Les transcriptions d'émissions de radio et de télévision n'ont été que légèrement reformulées. Tout le reste est roman.

Aproche, aproche

Les Très Riches Heures du duc de Berry

Entre Massalia et les bouches du Rhodanos, il y a une plaine, distante de la mer de quelque 100 stades. Elle est appelée « la Pierreuse » en raison de sa constitution. Toute la région – y compris l'arrière-pays – est exposée aux vents, mais c'est particulièrement dans cette plaine que se déchaîne un Melamborée au souffle violent qui vous glace.

Strabon, *Géographie*, Livre IV, chapitre I

Si j'ai un enfant comme toi, je l'abats d'une balle.

Raoulcool, Facebook

Mira mas, regarde plus

Chaque semaine de reconduction commence par le même rituel. C'est toujours un jeudi. À 10 h 34, je descends du train et je file au cabanon. J'ouvre les volets, je dépose mes chats, puis je rejoins le café de la place Jourdan. Le jeudi, c'est jour de marché. L'hiver, je m'installe à l'intérieur, près de la vitre. Le printemps revenu, je suis en terrasse, à proximité des étals. Ma table préférée est contre l'énorme platane. En quatorze ans, il semble n'avoir pas changé ; le temps des arbres n'est pas celui des hommes. Je sais cependant qu'il grandit car la mairie a dû remplacer plusieurs fois le pavage brisé par l'assaut de ses racines. Les dalles actuelles n'ont que quelques mois, elles n'ont pas exactement la même nuance calcaire que le reste de la place. Elles montrent l'étendue du royaume souterrain du platane.

Aujourd'hui, ma place est libre. Comme d'habitude, Selim m'apporte un café, un verre d'eau et demande si je veux le journal. Comme à chaque fois, je lui réponds par la négative. Ça fait partie du processus : pendant huit jours je me calfeutre pour rester étanche à tout ce qui n'est pas mon travail. Pas de presse, pas d'internet, pas de radio. Les bruits du monde ne me parviennent qu'au travers des discussions que j'attrape à la volée.

Je suis photographe. Mais la photo que je pratique est une discipline sous contrainte. Tous les ans à la fin juin, l'université d'Aix-Marseille reconduit ma participation à l'observatoire qui étudie dans la durée les métamorphoses d'un morceau de territoire de vingt-cinq kilomètres carrés au beau milieu des Bouches-du-Rhône. Actif depuis 2009, l'observatoire du paysage porte sur 12 sites, appelés « stations », peut-être un clin d'œil à celles du Chemin de croix. Sauf qu'ici, pas de Simon de Cyrène ni de filles de Jérusalem inconsolables. Seulement des fragments urbains, des friches vacantes, des lieux de labeur. Mes 12 stations comptent chacune 73 points, repérés au départ avec cinq équipes de chercheurs – des géographes, des anthropologues, des urbanistes, des biologistes et des géologues. Depuis, tous les mois, je passe une semaine sur un des sites, que j'arpente d'est en ouest et du nord au sud pour prendre les 73 photos attendues, reproduisant au millimètre près le cadrage défini initialement. Quand le programme sera terminé, l'année prochaine, l'observatoire comptera 13 140 clichés.

Mon contrat consiste à fournir aux chercheurs ces images dites « reconduites » et d'autres, thématiques, centrées sur un sujet annuel, que je peux prendre n'importe où sur mon terrain d'action. En quatorze ans, j'ai ainsi traité des mythes, des réseaux, des modes d'habiter, des seuils, des signes, des rapports loin/proche… Pour les cinq derniers millésimes, les thèmes sont devenus plus précis, la conscience de l'anthropocène a fait son chemin. 2019 : communs. 2020 : effondrement. 2021 : globalisation. 2022 : survivre. 2023 : polluants éternels, cette grande famille de produits chimiques à très longue durée de vie, qu'on retrouve dans tout un tas de produits de consommation courante et qui sont dangereux pour la totalité des organismes vivants, humains y compris. Personne n'y échappe, pas même les scorpions qui résistent aux radiations nucléaires ni les ours polaires coincés sur leurs icebergs à moitié fondus.

73 photos en une semaine, c'est beaucoup. Mais je l'ai voulu. Dans l'appel d'offres, tout était déjà déterminé : la durée, la commune, et même le volume du corpus d'images, établi entre 10 000 et 15 000. J'ai suggéré de jouer symboliquement avec le code postal. Miramas, 13140. 15 ans x 12 sites x 73 images.

Je ne connaissais pas cette ville de 25 000 habitants. Si on m'avait demandé où elle se trouvait, j'aurais misé sur l'Espagne, ou peut-être sur la côte catalane française, alors qu'elle n'est qu'à un jet de pierre d'Arles, où j'ai résidé pendant mes années d'études. Je suis immédiatement tombée sous le charme. Sa taille, sa situation géographique, son histoire, son climat… On était faites l'une pour l'autre, Miramas et moi. Et puis ce nom. La première fois que je l'ai entendu, quand on m'a dit « si nous travaillons ensemble, vous devrez aller à Miramas plusieurs jours par mois », j'ai eu l'impression que l'ange du destin venait de m'arracher de terre pour me placer sur son dos, bien calée entre ses ailes d'un blanc si doux ; *Mira mas*, « regarde plus », un signe aussi évident que la Bonne Mère dans la skyline marseillaise, aussi beau qu'un château d'eau sur les photos des époux Becher, du pain bénit pour l'obsessionnelle de la scrutation que je suis. À l'époque, je me suis bien gardée d'exprimer ma joie débordante, j'avais vraiment besoin de ce contrat. Et pour dire la vérité, ce « regarde plus » n'appartient qu'à moi. Les Miramasséens disent plus volontiers que le nom de leur commune signifie « regard sur la mer ». Ici, la mer, c'est l'étang de Berre.

Miramas est tout à la fois une ville industrielle, une microbourgade médiévale et un centre commercial à ciel ouvert, encastrés les uns dans les autres, comme les pièces d'un puzzle qu'on aurait forcées d'un pouce rageur en sachant pertinemment qu'elles n'ont rien à faire ensemble.

Sur le site de la commune, à la rubrique tourisme, il n'y en a longtemps eu que pour le vieux village perché sur un téton rocheux dominant l'étang, à deux kilomètres de la ville moderne. Ses pierres dorées, ses vignes vierges éclatantes de santé, ses placettes, ses glaciers, ses QR codes habilement placés par la mairie pour rassasier la curiosité des promeneurs. Les enfants des écoles viennent ici comme on va au musée. Très vite, ils comprennent qu'il est là le passé dont ils doivent être fiers, bien plus que dans les rues de la ville d'en bas.

Désormais, la ville vante aussi son Village des Marques. Bien souvent, les aménageurs de zones commerciales s'emparent d'anciens sites industriels pour les reconvertir en temples du déstockage de luxe. Ceux qui ont imaginé le Provence Outlet Emporium de Miramas ont préféré jouer la carte de la reconstitution historique. Ils ont fabriqué un passé qui n'a jamais eu lieu, déployé un décor provençal charmant, auquel il ne manque que l'ombre fraîche d'arbres centenaires. Pour le reste, les façades sont suffisamment variées pour qu'on ne s'aperçoive pas qu'elles sont sorties de terre toutes ensemble, les volets sont du bon vert, du bon bleu et du bon gris, les rues sont joliment pavées et il y a même de petits mûriers et des matous roux qui se prélassent au soleil.

Sur les vues satellites, cependant, un autre réel se raconte. L'Emporium est un gros bloc aux volumes rigoureusement symétriques caparaçonné de panneaux solaires et d'un vaste réseau de climatisation. L'ensemble est enchâssé dans trois grands parkings au tracé impeccable. L'entrée arrière donne sur une gigantesque esplanade herbeuse qui fait tampon avec les quartiers sud. Au nord, le boulevard d'Espagne a conservé des taillis abondants pour épargner aux visiteurs la vue sur les entrepôts industriels, les magasins de matériaux et les garages délabrés. Avant 2015, il n'y avait là que des champs et une vieille ferme, dont on a conservé un bout, trempé dans un crépi velouté.

La ville, la vraie, celle que j'aime tant parcourir, n'est nulle part dans les guides. Si je demandais à un visiteur occasionnel ce qu'il en connaît, il y aurait de fortes chances pour qu'il me regarde bizarrement. S'il est arrivé comme moi par le train, il sourira peut-être d'un air gêné parce qu'il aura forcément vu en passant les vêtements aux fenêtres, les lézardes aux murs, les grilles baissées, les enseignes fantômes de kebabs-sandwichs-burgers-pizzas-tacos-café-boissons.

« Regarde plus », mais si possible ailleurs.

Le dé m'offre un 3

Liste des stations :
1. Avenue du Ponant
2. Cimetière
3. Croisement
4. Espagnoles
5. Garouvin
6. Impasse de l'Hirondelle
7. Miramas-le-Vieux
8. Poudrerie
9. Ruches
10. Saint-Suspi
11. Sulauze
12. Triage.

Je sors mon dé à douze faces. Il me sert à définir l'ordre de visite des sites sur lesquels je vais travailler. Au début, j'utilisais de deux dés classiques, mais très vite j'ai réalisé que je n'avais aucune chance de tomber sur un 1 alors que le 7 allait revenir fréquemment. C'est Eden, le fils de Selim, qui m'a soufflé la solution après m'avoir vue pester au café devant mes dés stupides. « Prenez un dé de douze, ça réglera vos problèmes. » Merci les jeux de rôles. À l'époque, il y avait encore un magasin de jouets avenue Charles-de-Gaulle. Le commerce battait de l'aile et les vitrines étaient couvertes de poussière, mais la patronne avait déniché dans un carton ce très bel objet vert et orange qui ne me quitte plus. Depuis, tous les premiers jeudis du mois, Eden me demande quel est le tirage. Il a presque trente ans maintenant, ses épaules se sont élargies et il a abandonné le look vaguement *emo* qu'il avait ado. Désormais, c'est lui qui tient la caisse.

Ce matin, le dé m'offre un 3. Le Croisement. Je l'aime beaucoup cette station, c'est l'une des moins urbaines de mon dodécalogue. Elle se trouve à l'intersection d'un chemin communal qui coupe à travers champs et d'une départementale qui longe la lisière nord de l'immense zone logistique de Miramas. Le rectangle que je dois arpenter est une friche. Je n'y ai jamais vu d'autre construction qu'un long mur de briques dressé en plein milieu de la parcelle.

La première fois, je me suis dit que j'allais avoir du mal à m'attacher à cette étendue plate jonchée de cailloux, mais les chercheurs étaient extatiques à l'idée d'avoir un vrai fragment de Crau à se mettre sous la dent. « Et pas n'importe lequel ! Tu es pile à la jonction de la Crau humide et de la Crau sèche, le meilleur des deux mondes, une biodiversité de malade. Et regarde tous ces coussouls, tu te rends compte ? » Sur le coup, pas vraiment. Mais maintenant, j'ai hâte de tirer le 3 et de passer ma semaine là-bas, de retrouver ses habitants, outardes canepetières au long cou orné de colliers noir et blanc, œdicnèmes timides qui me scrutent de leurs grands yeux jaunes, lézards ocellés si rares, criquets par milliers et buprestes poilus aux reflets bronze qui aiment tenir conclave l'été sur les fleurs de chardons aux ânes. J'ai hâte de retrouver ses pierres, sans lesquelles la Crau ne serait pas la Crau. D'anciens récits racontent qu'on les doit à Zeus, qui caillassa la plaine à tour de bras pour sauver Hercule d'une armée de Ligures agressifs. Ou alors à Yahvé, déchaîné contre les prétentions déicides des fils de Caïn ; montagnes envolées comme fétus de paille, géants ensevelis sous leurs débris.

Je paie mon café. Des papiers froissés s'échappent de mon portefeuille. Il y a tout un monde dans cet objet. Je me laisse facilement attraper par des histoires qui ne sont pas la mienne et je les trimballe quelque temps. Des dessins, des notes prises sur des post-it, des articles de journaux découpés, des photos tirées à la va-vite sur mon imprimante jet d'encre. Je les fourre toujours au même endroit, juste au-dessus de la photo d'Ève, ma sœur. Leur présence, précisément là, me rassure. C'est un peu comme les détours.

Au premier jour d'une semaine de reconduction, c'est plus fort que moi, je ne vais pas directement à la station désignée par les dés. Je choisis de nouvelles voies d'accès, de petits écarts pour me laisser surprendre. Laisser mon regard libre de vaquer avant de l'enchaîner aux lieux du travail. Parce que après, fini, plus le temps de rêvasser.

Ce matin, je fais d'abord un tour de marché, ultime bouffée de bordel humain. La place s'est un peu dégarnie au fil des années, il y a moins d'étals maraîchers et presque plus de petits bazars, mais ces derniers mois, j'ai découvert deux nouveaux stands. Ils proposent des produits du terroir haut de gamme à destination d'une clientèle de touristes qui tarde à se matérialiser.

Je prends quelques fruits au marchand du coin de la rue Sauvaire pour me sucrer la bouche après mon traditionnel thon-crudités sans mayo acheté chez Selim et Eden en prévision de la pause-déjeuner et je décide de suivre le balisage rouge et jaune du sentier de grande randonnée GR 2013 ; un chemin en forme de signe de l'infini ouvert l'année où Marseille était Capitale de la culture. « 365 kilomètres à pied entre ville et nature », de la Sainte-Baume à Port-de-Bouc en passant par Peypin, Gardanne, Aix-en-Provence, Vitrolles, La-Fare-les-Oliviers, Salon-de-Provence,

Miramas, Istres, Fos-sur-Mer. Aux abords de Grans, toutes les strates de l'histoire locale se télescopent : bergerie de pierres sèches, canal, carrefour routier, ferme d'élevage de taureaux de combat, gazoduc, cabane de sandwicherie hallal désossée, bosquets de chênes verts, serres couvertes de panneaux photovoltaïques, citernes aux faux airs de yourtes dans la steppe.

Pour l'heure, les balises m'envoient de l'autre côté de la gare. Un train de marchandises passe avec fracas. Ses vibrations résonnent dans mes vertèbres. Le chemin suit un temps la D10, bordée de maisons anciennes bien closes pour couper la chaleur. Sur le trottoir d'en face, une bâtisse fin XIXe flanquée d'une tourelle, témoin d'une époque plus faste. Au fil du temps, je l'ai vue menacer ruine puis elle a été restaurée. Maintenant elle abrite un discret club de gym pour cadres pressés mais attentifs à leur corps.

La ville se distend, des voies s'ouvrent sur quelques mètres et s'arrêtent dans le vide. Les arrière-cours s'entremêlent, peuplées de jouets en plastique, de palmiers en pot et de mobilier de jardin blanchi par le soleil. Sur une toute petite bicoque proprette, un volet attire mon regard. Noir absolu, velouté, légèrement gaufré comme pour mieux absorber la lumière brutale. Il a brûlé. Sous les écailles charbonneuses, je devine de minces traces de peinture antirouille au minium, d'un orange presque fluo. Je le prends en photo en repérant l'endroit sur mon GPS. Ce sera peut-être la première image de ma série sur les polluants éternels. Un jeune homme en tenue de chantier planté devant la portière de sa camionnette me sourit. Peut-être pense-t-il que je suis perdue. Ou folle. Ou alors il est rassuré de se dire qu'il n'est plus seul à avoir remarqué là une porte des enfers secrète.

Une passerelle enjambe les voies ferrées. Un nouveau train de marchandises traverse mon champ de vision, aussi bruyant que le précédent. Voilà le centre technique municipal, architecture postmoderne des années 1980, plaques de parement qui s'émiettent, ferronneries bleu Gitane, empilements de fûts toxiques. Puis soudain, un chemin de terre abouché à la départementale. Allons par là.

Au bout de vingt mètres, la ville s'est tue. J'écoute attentivement ; pas de cigales. Peut-être qu'elles attendent le mois d'août et les hypothétiques vacanciers pour donner de la voix, ou peut-être qu'elles ont disparu pour de bon, avec les vers luisants de mon enfance. Je ne perçois que des rumeurs au loin. Et un coq qui claironne par intermittence. Il fait très chaud, mon sac photo me scie l'épaule, je transpire déjà. Je rentre toujours de mes virées du premier jour odorante et rouée de fatigue – rituel de passage entre les semaines de travail assis et les sept jours de travail debout.

Le sentier s'enfonce dans la pampa. C'est le mot qui me vient pour qualifier ce morceau de paysage, ni très propre, ni très sale ; quelques éclis émeraude qui brillent dans le gravillon. J'hésite à les immortaliser, mais je renonce, j'en ai trop dans mes dossiers. Je croise des bosquets obscurs entrecoupés de lambeaux de lande qui semblent venir du fond des âges. Des effluves lourds signalent la présence d'eaux dormeuses. Je les cherche, je ne vois rien. Je sais cependant qu'il s'agit du canal de Raoux, celui qui longe les flancs de mon cabanon. Ici, son haleine est organique, bois, feuilles, petits animaux décomposés. Chez moi, il transporte surtout des odeurs de métal et de soufre.

Je passe sous un pont tagué jusqu'à mi-hauteur. Au milieu des grands lettrages colorés, un *Jesus 4ever* malhabile tracé au noir me laisse songeuse. Me voici nez à nez avec un jeune figuier. La saison est bientôt finie, mais il est encore chargé de fruits à peine plus gros que des billes. J'en mange un, puis deux. Leur douceur me tord le cœur. J'ai les mains poissées de sucre et je vais devoir sacrifier un peu d'eau.

La végétation se densifie. Une voûte se forme au-dessus de ma tête. De là, j'aperçois la grotte creusée dans la roche jaune, une baume comme j'en ai visité beaucoup : l'Obscure, la Bonne, la Sainte ou bien la Longue. Celle-ci, je ne m'en lasse pas. Elle présente deux ouvertures rectangulaires et une vaste cavité naturelle, une épure d'habitation troglodyte. Plusieurs niches ont été ménagées dans la paroi qui donne sur le chemin. Peut-être une Vierge de plâtre protégeait-elle les occupants il n'y a pas si longtemps. Ou une lampe à huile pour guider les pas des visiteurs. J'entre. Je m'attendais à une odeur de pisse, mais cette fois, je ne détecte que le parfum chaud de la pierre et les relents âcres du lierre qui s'échine à pousser là. Il y a la trace d'un foyer au sol, assez récent. Une dalle rocheuse lissée par les siècles fera un banc le temps de mon repas. Je sors mon sandwich. Il a mine étrange, comme moi, avec mon allure de trop grande petite fille sage, seule dans sa grotte.

Rouge

Aux premiers temps des reconductions, c'était un coin tranquille, perdu au beau milieu de la plaine. Puis un hiver, j'ai vu de grands volumes plats s'élever au loin. Des hangars. Maintenant seule une mince parcelle vide s'étire entre la plateforme logistique et ma station. Le Croisement : des cailloux, des coussouls, des raretés animales et ce mur de briques pâles d'une trentaine de mètres de long qui se dresse en plein centre de la parcelle. Le plus beau palimpseste que je connaisse. Au moins quarante ans de traces écrites, peintes, gravées.

On trouve d'autres murs sauvages dans Miramas, mais celui-ci semble attirer tous ceux qui ont quelque chose à lancer à la face de l'éternité ou du néant. Sur les 73 photos du Croisement, 8 ont le mur pour sujet principal, et il est dans le champ de 15 autres. C'était 16 en 2009. Pour l'image n° 40, j'avais choisi un cadrage où l'on devinait l'angle supérieur droit de la face est.

Mais un jour de mai 2016, j'ai trouvé deux briques au sol, des miettes de mortier pâle et le mur écorné. Dans mon viseur, l'angle avait disparu. Ça m'a attristée.

En plus des photos, je tiens méticuleusement les archives textuelles du mur au fil des visites. Dans un beau fichier Excel, je dresse l'inventaire des marques apparues et de celles qui ont disparu, cachées par d'autres, ou rendues à l'oubli par les assauts constants du soleil. Pour chacune, j'indique l'emplacement, la face, la distance à partir de l'extrémité gauche, la hauteur depuis le sol. Je renseigne aussi la taille approximative de l'inscription.

À chaque fois, je pars avec une impression de mon listing à date, et je l'amende au crayon. Le soir, je saisis les modifications sur l'ordinateur. Si j'ai pris une photo, j'ajoute le lien vers le fichier correspondant, mais je n'immortalise pas tous les tags, juste ceux qui me parlent, je ne sais jamais expliquer ce qui me décide à appuyer. De ceux qui étaient là en 2009, il ne reste plus rien de lisible, à l'exception d'un gigantesque *Y* rose et violet cerné de jaune, ultime vestige d'un *TOY*. En tout, mon fichier comporte 455 lignes. Seules 22 sont encore actives. J'ai l'impression que le turn-over ralentit. Un jour, peut-être, il n'y aura plus rien à dire sur les murs.

Vers la fin de l'après-midi, j'ai découvert d'autres *Jesus 4ever.* Ils sont trois, aussi noirs que celui que j'ai vu sous le petit pont avant la grotte, sans doute de la même main. Mais il y a autre chose sur le mur, une chose que j'ai repérée dès mon arrivée sur le site. Une grande inscription rouge trône au milieu du mur dans le champ de la photo n° 37. Elle est fraîche. Quelque chose dans la brillance de la peinture. De grosses et lourdes majuscules plantées bien droit, sur trois mètres de long.

LOVANA ON T'A PAS OUBLIÉE

Dans la lumière rasante de la *golden hour*, le rouge palpite sur l'ocre clair, on le dirait prêt à couler. Je fais la mise au point sur le premier *a* de Lovana. Quel drôle de prénom. À l'arrière-plan, un camion de livraison passe sans se presser, j'attends qu'il disparaisse pour déclencher.

Bleu

En rentrant au cabanon, j'ai saisi dans mon tableur les trois premières lettres. *Lov.* Je n'ai pas eu besoin d'aller plus loin, le logiciel a parlé. Le mur du Croisement avait déjà porté ce prénom. C'était en 2009. Le tag a disparu en 2012. Il y a un lien photo. Rien à voir avec les grandes lettres rouges de tout à l'heure, c'était un petit machin hâtif, bleu nuit, sur deux lignes.

Lovana du 13, tu pus
la mort Hardcore

À droite du tag, épousant le décalage entre les dernières lettres de chaque ligne, s'élève un gibet miniature, comme ceux que dessinent les enfants quand ils jouent au pendu. En dessous, une tête de mort presque mignonne tant elle est maladroite.

J'ai juxtaposé les deux photos sur l'écran. J'ai reculé un peu mon fauteuil pour mieux les contempler. La bleue et la rouge. La première fuyante, la seconde massive.

Ouvrir un nouveau fichier Word. Coller les deux photos. Créer un bloc texte :

Lovana,
Du 13,
Tu pus
La mort
Hardcore
On t'a
pas oubliée.
Enregistrer. Garder mémoire_13 juillet 2023.

Un cabanon à soi

Il est encore tôt. Il a plu aux petites heures, ma fenêtre est couverte d'une résille de fines gouttelettes qui attrapent la lumière. La porte grande ouverte sur la cour laisse entrer la fraîcheur, une bénédiction après la nuit étouffante. Je viens m'asseoir sur le seuil. Ça fait quatorze ans que cette maison de poupée est entrée dans ma vie, et je ne me suis jamais posée là plus de trente secondes. Pour fumer, en bonne citadine, je me poste à la fenêtre.

Lorsque je ne suis pas à Miramas, j'habite à Briançon, sous-préfecture des Hautes-Alpes. Sur le papier, c'est la même région, mais le trajet dure plus de trois heures et demie en voiture et près de six heures en train. Impossible de faire l'aller-retour chaque jour. J'ai eu besoin d'un endroit ici, qui puisse nous accueillir une semaine par mois, mon encombrant matériel, mes chats et moi. J'ai dégotté le cabanon dans une agence immobilière qui désespérait de trouver preneur pour ce rectangle de vingt-cinq mètres carrés jeté contre la voie ferrée, avec pour toute isolation du vacarme des trains une simple rangée de bambous qui claquent des dents au moindre coup de vent. À chaque fois, Tssee et Oga sursautent. Ce frêle abri mange une bonne partie de mes revenus, mais je m'y sens chez moi.

Tout autour, c'est roussi, ça se ride de soif, ça se ratatine pour l'été. Mais les plantes de ma cour et celles des deux jardins adjacents se pavanent en vert vif. Les mauvaises herbes prospèrent, des orties de belle taille, des ronces vaillantes, des séneçons, des chélidoines, des berces menaçantes, tout un peuple de saxifrages joufflues. Le lierre sur le muret brille comme un sou neuf. Il se mêle à une grande pervenche pleine de fleurs. En fermant les yeux, je me croirais dans le bois de mon enfance, là-haut, en Beauce. L'ombre de l'orme qui frémit sur les feuillages ajoute à l'illusion. Il n'y a là aucun mystère, le canal de Raoux irrigue mon terrain sur deux côtés, dissimulé derrière la végétation que j'ai laissée pousser pour ne pas le voir. Une merlette hardie sautille tout près. Elle ignore ma présence, trop occupée à fouiller du bec les anfractuosités du ciment. Elle est si proche que je perçois le tictic léger de ses pattes sur le sol. J'ai tout le loisir d'admirer l'arrangement parfait de ses plumes brunes. Soudain l'air se met à vibrer, la merlette disparaît comme par enchantement. Il est 8 h 32, le TER de Marseille avale sa dernière ligne droite avant l'entrée en gare.

Tougoudoum, tougoudoum, tougoudoum.

L'antienne de Miramas. Elle s'élève quarante fois par jour. Les premiers temps, je sursautais à chaque fois, à l'unisson de mes chats. Maintenant, c'est à peine si je l'entends. J'ai pris l'habitude de poser mes crayons loin du bord du bureau, j'en ai trop ramassé par terre après le passage des trains de fret. Il y a quelques mois, j'ai croisé Selim qui promenait ses chiens aux abords de chez moi. Quand il a compris que j'habitais là, il a ouvert de grands yeux. Lui est natif du coin et, franchement, vivre près de la voie ferrée, non merci. Une malédiction, ce boucan. Pourtant, sans le train, Miramas serait uniquement ce vieux village sur les hauteurs, qu'on vient visiter quand on a un après-midi de libre dans le programme des vacances. Sans le train, ni Selim ni moi ne serions là.

Tout a commencé en 1848, dans le sillage d'une loi qui prévoyait la création d'une ligne de chemin de fer reliant Paris à la Méditerranée par Lyon, Marseille et Sète. Il s'en faut de peu pour que le rendez-vous soit manqué. Le plan initial ne prévoit pas de halte à Miramas. Mais le maire du village rêve de modernité. À force de donner de la voix, il obtient un arrêt sur le territoire de sa commune, mais seulement pour la descente, personne ne monte. Et bien sûr, la gare ne sera pas installée au village, ça coûterait trop cher ; on n'a pas encore vu de train escalader des pentes escarpées. Ce sera à trois kilomètres du rocher, en terrain plat, sur l'emprise d'une grosse ferme. C'est là que s'ouvre le premier débarcadère, baptisé Constantine, va savoir pourquoi.

Dès la fin des années 1840, un nouveau quartier sort de terre autour de l'arrêt. En 1880, Constantine compte déjà 1 250 habitants. Elle change de nom quelques années plus tard pour devenir Miramas-Gare. On ajoute à la petite école et à la chapelle déjà existants, un bureau de poste, l'électricité, l'eau courante. Le hameau du haut perd son statut de chef-lieu communal au profit de la bourgade laborieuse du bas. Treize ans plus tard, on inaugure la gare de triage de 22 voies, dotée d'une rotonde ferroviaire et d'un dépôt des machines, un mastodonte pour l'époque.

Ça ne fait peut-être plus rêver une gare de triage, mais c'est le creuset de l'identité de cette ville. D'ailleurs, elle est toujours là, avec sa silhouette de gros bonbon. Elle assure la desserte de tout ce qui débarque au port de Marseille vers l'arrière-pays et l'Europe entière. Sur 48 voies, 500 wagons à trier par jour. La SNCF exploite aussi plusieurs lignes de voyageurs qui marquent l'arrêt à Miramas, dont un TGV. Si on regarde une carte, on voit bien la place qu'occupe le train, perforant le flanc de la ville à l'ouest avant de sillonner les quartiers sud en courbes gracieuses. Et partout, quand le vent porte, on ne peut y échapper. Tougoudoum, tougoudoum.

La merlette est de retour. Elle s'est perchée sur un pot en terre cuite vide abandonné dans la cour par l'ancien occupant du cabanon. Aux mouvements rapides de sa tête, je sais qu'elle me regarde. Peut-être se demande-t-elle à quoi je pense, pourquoi je reste là sans bouger, comme en suspens.

Lovana du 13

Après la dernière journée sur une station, j'avale un repas léger et un café bien noir puis je m'installe au bureau. Je parcours les dossiers constitués tout au long de la semaine pour commencer à sélectionner les 73 images que je vais retoucher et que je déposerai, d'ici vingt jours environ, sur le serveur du projet 13140. Un SMS au groupe de chercheurs pour leur dire que la livraison mensuelle est arrivée et hop, au suivant.

Ouverture du dossier. Affichage des vignettes, bien rangées, colonnes, lignes, sur mon écran. Premier écrémage pour écarter les cadrages bougés, les lumières mal gérées, les choix de focale ratés, les éléments indésirables dans le champ, les doigts sur l'objectif. Suivi, en principe, d'un second tri plus sensible. Mais ce soir, j'ai du mal à me concentrer, j'ai la tête ailleurs. Je sais ce qui m'attend au dossier 37. Douze étendues de crépi sale et ces grandes lettres écarlates. L'écran entier vibrant de rouge violent.

D'ordinaire, quand je tombe sur des détails dérangeants, je mets à distance et je passe à autre chose ; c'est à ça que servent les fichiers, à cloisonner, mettre des barrières autour de quelque chose qui m'appelle, me fait peur ou bien les deux. Mais cette fois, même fichier fermé, les lettres rouges persistent et continuent de danser dans ma tête. *Lovana on t'a pas oubliée.*

Ce n'est pas fréquent, Lovana. Au début, j'ai cru qu'il s'agissait d'une invention, sur la base de « Love » et de « Loana ». Ça sonnait comme des seins gonflés dans du lycra fluo, des bouteilles de Spumante empoignées par le goulot, des phalènes collées à la lumière. Des blondeurs apocryphes. En fait, c'est un prénom traditionnel polynésien dérivé, je ne sais par quelles dérives, de Virginie. Les sites pour futurs parents ne sont pas d'accord entre eux. Pour l'un, les Lovana sont des petites filles *généreuses et attentives, introverties et calmes* tandis qu'un autre décrit *un être à deux faces, la première forte, pleine de confiance et de grâce, la seconde secrète, renfermée, encaissant les coups en silence.* Ce même site m'informe qu'Ève veut dire « vivante ». Une belle arnaque… Pour ma part, je suis Constance et ça me va.

Des Lovana, il n'y en a pas beaucoup. Et quand j'ajoute « du 13 », comme sur le tag bleu avec gibet et tête de mort, il n'en reste qu'une. Le visage d'une jeune fille apparaît sur mon écran. À la découvrir, je dirai quinze ans, seize au maximum. Sur les photos que remonte ma requête, elle a l'air petite, menue. Les mains qu'elle passe dans ses cheveux sont celles d'une enfant. Elles datent de 2009. Toutes sont tirées d'une même vidéo, qu'on retrouve en centaines d'exemplaires sur Dailymotion, YouTube et sur d'innombrables blogs.

On y voit « Lovana du 13 » dans son salon en train de rapper.

Chiens de la casse

8 avril 2009. Lovana pénètre dans le salon de sa maison. Un soleil blanc de printemps balaie la pièce. On dirait que nous sommes le matin, ce sera l'heure du geai. J'imagine un beau geai des chênes, grand et fort, qui s'ébroue sur une branche basse du cerisier de la voisine. Il glousse, c'est la saison des amours. Il prend peur facilement. Il lâche un cri rauque quand il s'effraie d'une bourrasque ou d'un chat. Lovana s'est assurée qu'elle était seule. Sa sœur en classe, son frère et son père au travail. Sa mère en ville avec les petits qu'elle garde, c'est la seule incertitude, elle pourrait rentrer plus vite que prévu si l'un des deux gamins pique une crise. La jeune fille a poussé le canapé contre le mur, glissé la table basse sous la table à manger, maintenant elle a de la place. Elle connaît son texte, tout est prêt. Avec la chiffonnette de ses lunettes de soleil, elle essuie l'objectif du caméscope, un modèle d'entrée de gamme de chez JVC que son

père a reçu avec la médaille du travail. Il est facile à utiliser et elle s'est déjà entraînée. Elle a repéré le meilleur endroit pour le poser, dans l'angle de la table. Un dernier coup d'œil au texte, dans son grand cahier vert de Techniques professionnelles, entre le cours sur la toilette des mains et du visage et celui sur le bain du nourrisson. Tout va bien se passer.

À sa gauche, le gros canapé de cuir noir, de l'autre côté, un fauteuil de type relax. Au-dessus de sa tête, trois photos d'enfants dans un cadre bleu, je crois la reconnaître au centre. Elle glisse une mèche derrière son oreille. Elle a plaqué sa chevelure en arrière avec du gel mais ça ne tient pas bien, les fausses Ray-Ban qu'elle a mises en serre-tête ne changent rien à l'affaire. Tout au long des deux minutes quarante que dure sa vidéo, elle tentera de se recoiffer quatre fois. Pendant l'intro, elle tire sur le bas de son vêtement pour cacher son nombril. Peut-être regrette-t-elle d'avoir mis un crop top. Le sien porte le logo Von Dutch en rose sur fond blanc. Autour de son cou se balance un lecteur MP3. J'ai mis du temps à reconnaître cet objet devenu si vite vintage. Le sien est violet brillant, long et fin comme une vapoteuse. Il est retenu par une chaîne de perles métalliques jaunes qui me fait penser à un de ces colliers de Mardi gras qui jonchent les rues de La Nouvelle-Orléans après le carnaval. Elle porte un jean bleu, skinny, taille basse.

Les premières images de la vidéo sont celles de son buste, trop proche de l'objectif juste après avoir appuyé sur « Record ». Puis on la voit reculer jusqu'à toucher un mur blanc. À la fin du morceau, elle fera le chemin inverse.

L'instru est de Rohff. « L'Expression du malaise », *Le Code de l'horreur,* 2008. Je reconnais le titre immédiatement, il figurait en bonne place dans mes playlists de ces années-là. Quelques mesures d'intro et ça part en vrille tout de suite. La voix de la jeune fille est mal posée. Quand elle s'aventure dans les graves, elle croasse. Elle mâchonne, bute sur ses propres phrases. Elle n'est pas en rythme, même de loin. Quand elle s'en rend compte, elle crie, comme si ça pouvait la recaler sur le tempo. Son micro sature.

Elle a gardé la première phrase de Rohff pour lancer son texte.

J'exprime le malaise de la jeunesse en difficulté

Lovana du 13, gros…

Le reste est un hommage naïf et maladroit à *Marly-Gomont,* le tube de Kamini qui parle du blues des petites villes de province et qui nous avait tous fait sourire à l'époque.

C'est un bled du Un-Trois, chuis sûre tu connais pas

On dit c'est beau la mer, mais c'est que l'sale étang de Berre

Au début, j'ai du mal à comprendre ce qu'elle raconte. Mais les lyrics sont partout sur le net. Extraits :

Ici que des bolos, des moustiques et du vent
La zermi au soleil, pas de quoi tuer le temps.
On dit c'est mignon mais c'est pire qu'la zonzon
Si j'aurais su comment c'est, je m'serais pris un camion
Bienvenue à Miramas, capitale des chiens de la casse.

Elle se prend les pieds dans le tapis dès la première strophe. Un gros « Euh » bien sonore, elle reprend, mais le temps qu'elle arrive au bout du calvaire, c'est trop tard, l'instru de Rohff a pris le large et elle rame derrière. Alors, pour se donner du courage, elle crie plus fort, et sa voix déraille en même temps que sa grammaire.

Si j'aurais su comment c'est, j'me serais pris un camion.

Un naufrage.

Tout entière dans son absence

En 2009, j'avais vingt-six ans, je venais de signer mon contrat avec l'université et prenais mes marques à Miramas. Je basculais pour de bon dans la vie adulte : tenir des plannings, inventer des méthodes, satisfaire des exigences qui n'étaient pas les miennes, répéter les mêmes gestes aux mêmes endroits, tenir la distance. Me caler sur mes repères, inspirer, déclencher. Trier, classer, retoucher, retoucher, retoucher. Mettre de côté mes atermoiements et mes doutes pour faire simplement ce qu'on attend de moi. J'étais terrifiée et transcendée de joie parce que j'étais enfin sur le point de trouver une place dans le monde qui me correspondait.

Sur la page Facebook du groupe des anciens de l'école de photo d'Arles, j'ai retrouvé une image de ce mois-là. Elle a été prise au cours d'une des excursions du Cercle du paysage que j'animais avec Gianni, mon amoureux de l'époque. Je suis tout à droite, de trois quarts face. La géante blonde. Un mètre quatre-vingt-cinq de chair blanche, une ossature massive. Gros seins, bras forts, colonnes doriques en guise de cuisses, le ventre bien en évidence sous un tee-shirt d'homme noué haut, il devait faire chaud en ce jour de printemps. Je suis coiffée n'importe comment, on dirait ma tête surmontée d'une meule de chaume. Je porte les vieilles Pataugas de mon père, un jean que j'ai encore et le Mamiya flambant neuf que je m'étais offert pour célébrer ce premier poste. Gianni est à côté de moi. Sur toutes les photos où on figure tous les deux, sa main est toujours sur mon épaule. J'ai l'air heureuse, mon ciel est presque sans nuage. Pendant ce temps-là, pour Lovana, c'est la fin du monde.

J'ai besoin de borner les événements avec des images, sinon ils m'échappent, ou je m'échappe. Dans ma famille, tout le monde prend des photos, une tradition solide depuis l'arrière-arrière-arrière-grand-père qui, au mitan du XIXe siècle, avait monté un studio dans la maison où j'ai grandi. Il y immortalisait ses contemporains sur de minces plaques de tôle enduites de collodion humide. La verrière de son atelier est toujours là, au dernier étage, diffusant une étrange lumière azurée dans ce qui est désormais le bureau-bibliothèque de ma mère. Le bleu est favorable aux portraits, dit-on, ça rend les blancs plus éclatants.

J'ai seize ans et je viens de recevoir mon premier reflex pour mon anniversaire. Mon appareil ne me quitte plus. Je mitraille à tout va. Un après-midi, je demande à mon père s'il n'aurait pas un album vierge où je pourrais ranger mes tirages préférés. Des albums, nous en possédons une bonne centaine, sans doute y en a-t-il en réserve ? Quelques instants plus tard, il me tend l'un de ces gros volumes reliés de percaline noire. Le soir même, en collant mes tirages, je me rends compte que l'album n'est pas tout à fait vide. Entre deux pages de carton fin gommé, voilà deux clichés de notre famille pris en 1989 à quelques semaines, jours peut-être, d'intervalle, exactement au même endroit. Sur la première, nous sommes quatre, trois sur la seconde. L'adolescente rousse n'est plus là.

En regardant cette photo où Ève est présente et celle où elle n'est plus, je ressens enfin sa mort. Jusque-là, je savais, bien sûr, les jours de désarroi qui avaient suivi sa disparition puis sa réapparition à la surface de l'étang, noyée, le goût des larmes, jaillies comme par surprise, mes parents si vieux d'un coup, mais son absence, je ne l'avais pas mesurée.

Sur cet ultime portrait de notre famille au complet, ma sœur est dans toute la vigueur de ses quinze ans, fine sauterelle aux yeux luisants. Elle a l'air prête à bondir, tendue comme un arc. N'importe qui d'autre verrait là une jeune fille très vivante mais dans mon regard, elle est complètement morte et, avec elle, ceux que nous étions jusque-là. Papa, qui fait des oreilles de lapin derrière la tête de maman. Maman, qui éclate de rire, les mains légères posées sur mes épaules. Je sais que cette fillette de six ans, déjà grandelette, déjà potelée, toute dorée des jeux des vacances, aura plus tard pour meilleures compagnes les images qu'elle capturera pour arrêter le temps. Elle ne le sait pas encore. Sur la seconde photo, Ève est là, tout entière dans son absence. Entre les deux clichés, le mystère minuscule d'un dernier plongeon dans la lumière du couchant. Ensuite, l'oubli.

La madone de Giovanni Bellini

Gêne, surprise, amusement, malaise, fascination… Je ne saurais pas vraiment dire quelles émotions m'ont cueillie la première fois que j'ai vu Lovana rappant dans son salon. Un peu tout cela à la fois sans doute. Je n'ai pas eu le temps de me poser la question. Là, juste en dessous de la vidéo, sur l'avant-dernière ligne de commentaires : *Lovana du 13, tu pus la mort Hardcore.* Je l'ai regardée des dizaines de fois, son éteint, en boucle.

Je connais par cœur les fluctuations de la luminosité, un gros nuage a dû traverser la fenêtre à toute vitesse de la seconde 43 à la seconde 57. Je suis capable de restituer l'implantation des meubles dans la pièce. Je peux anticiper la moindre inflexion de son visage. Je sais à quelle seconde elle tire sur son tee-shirt, je sais quand elle détourne le regard de l'œil rouge de sa caméra, rien qu'un peu, toujours vers le même point dans l'espace face à elle, j'imagine qu'il s'agit de la porte par laquelle sa mère et les enfants qu'elle garde pourraient débarquer. Je sais exactement quand elle va se prendre les pieds dans le texte, quand elle va bégayer, quand sa voix va déraper, quand elle va crier pour rattraper Rohff. À chaque fois, j'ai mal pour elle.

Dans ces images sorties de leur flux, je traque des signes du malheur à venir dans cet après-midi serein, j'observe l'onde qui précède l'embrasement. Je sens qu'il se joue là quelque chose de définitif, qui va nous dévorer tous.

J'en extrais une sur les 3 840 que compte la vidéo de deux minutes quarante. Elle apparaît après le deuxième *Miramas, capitale des chiens de la casse.* Lovana se prépare au dernier couplet pendant que la bande avance à son rythme implacable. Elle s'est redressée, elle a tiré sur son crop top, elle a passé une mèche derrière son oreille dans une énième tentative de maintenir en place ses cheveux lustrés de gel. Ses lunettes de soleil ont basculé au fil de la prestation, elles soulignent désormais le sommet de sa tête d'un fin liseré d'or sombre. Dans cet instant saisi, son visage est un lac au repos, ses traits parfaitement symétriques. Elle vient de jeter un coup d'œil en direction de ce que j'imagine être la porte et son regard semble flotter. J'ai du mal à déterminer la couleur de ses yeux, la faible résolution de sa caméra ne m'aide pas. Ils sont sombres en tout cas, noirs, bruns, vert abysse, quelque chose de profond qui happe la lumière. Légèrement bridés, un peu écartés. Ses sourcils sont tendus en une ligne nerveuse. Sa bouche est fine, ourlée, elle a maquillé ses lèvres d'un rose doux et luisant. Le nez est très droit, très court.

À cet instant, Lovana ressemble à la madone de Giovanni Bellini, qui jaunit lentement sur le mur du cabanon, derrière mon bureau. Une Vierge toute jeune, morose, qui tient un bébé Christ tout aussi taciturne debout sur son genou droit. Ses mains aux doigts gracieux l'effleurent à peine, comme rebutées par les divines chairs blanches. Une Vierge qui ne veut pas de ce qui lui tombe dessus. Résignée, recluse dans ce miracle qu'elle n'a pas choisi, seule pour l'éternité avec un mystère trop grand pour elle.

Je l'ai rencontrée à Milan à la fin de mes études, dans une salle de la pinacothèque de Brera. Je me souviens être restée postée devant durant de longues minutes, trop longues pour Gianni qui ne comprenait rien à ma fascination. Il en avait acheté la carte postale à la sortie du musée pour me l'offrir, avec la mention *Vierge moche au bout de sa vie* inscrite au stylo bille dans la réserve autour de l'image. Je ne vois plus Gianni depuis longtemps, mais je garde précieusement la carte et son titre apocryphe qui me rappellent que la vérité est dans l'œil de celui qui regarde.

Non. Non. Non.

Et puis j'ai trouvé le reportage de France 3 Provence loin dans les pages de recherche. 11 juillet 2009. Lovana est coiffée d'un carré long, fendu par une raie impeccablement tracée. Je devine ses cheveux épais et lourds à leurs mouvements quand elle fait non de la tête. Quand elle dit : « Non, je ne m'attendais pas à ça », « non, je voulais juste », « Non, ça fait mal ». À chaque fois qu'elle ouvre la bouche, elle a ce geste de refus des tout petits enfants. Et quand elle ne dit rien, sa tête oscille tout de même, de droite à gauche, de gauche à droite, le front vers le bas, les yeux rivés au sol. Et ses cheveux suivent, pesants. Si la journaliste ne la pressait pas de questions, on imagine qu'elle resterait là à faire non, non de la tête, sans piper mot. Et quand elle se résout à répondre, ça sonne faux, comme sur les vidéos d'otages envoyées par leurs ravisseurs.

La séquence commence par un travelling muet sur la place Jourdan. Le cameraman s'est positionné pile à côté de mon emplacement favori au café, à l'ombre du platane. La caméra longe d'abord le stand de bonneterie où j'achetais mes culottes de grand-mère jusqu'à la mort de Lucienne, la marchande. La voilà, d'ailleurs, Lucienne, encore fringante. L'œil bleu fulminant sous ses cheveux blancs coupés presque à ras. « Arrête de faire l'arapède si tu vas rien acheter, con de tes os. » (Mon chouchou dans la litanie des cons, que Lucienne déroulait dès qu'on lui fournissait un prétexte, même vague. Con de tes morts, con de ta race, con de ta mère, con de ta bouche.) Puis c'est au tour du poissonnier, qui vendait encore la pêche de l'étang à l'époque, dorades, anguilles, grands muges finement rayés. L'espace d'un instant, on aperçoit un alignement de fringues. Il n'y avait pas de vent ce jour-là, les tee-shirts pendent tout raides comme à la potence. À l'arrière-plan, un adolescent vêtu de noir de la tête aux pieds passe lentement, un gobelet de café en carton à la main. Salut, Eden. Le travelling se termine sur la jeune fille.

D'abord son crâne, Lovana regarde le sol. La masse de ses cheveux, la fine rivière claire qui file droit au milieu. Le soleil se prend dedans. Le cameraman la filme en plongée, elle paraît minuscule. La journaliste n'apparaît pas à l'écran, on n'entend pas ses questions, seuls la voix basse de l'adolescente, ses silences. Elle porte un haut vert anis tout simple et un pantalon de jogging bleu foncé.

Elle relève la tête. Comme aujourd'hui, la lumière de juillet est trop forte, elle plisse les yeux. Son visage est impassible, ça pourrait être n'importe qui, une passante qu'on interviewe pour un micro-trottoir. Qu'est-ce que vous pensez des superprofits, des feux au Canada, des polluants éternels ? Tout son corps dit non, non, non. Le mot qui me vient est claquemurée : enfermée très étroitement, littéralement jetée dans des murs.

Voix off ronde et chic, celle d'une femme dans la force de l'âge : « Miramas, une ville des Bouches-du-Rhône proche de l'étang de Berre. C'est ici que vit Lovana, dix-neuf ans. » Tap sur la barre d'espace pour arrêter le défilement de la vidéo.

C'est la première fois que j'entends quelqu'un prononcer ce prénom. Alors quand la journaliste dit « Lovana » la qualité de l'air change, ça s'alourdit autour de moi. Sur mes genoux, Tssee redresse brutalement la tête, courroucé à l'idée que sa sieste puisse tourner court.

Tap pour reprendre. Une incise démarre, on y voit quelques secondes du fameux rap. Le volume est bas mais on distingue nettement les paroles et le métal froid de la voix.

On dit c'est mignon mais c'est pire qu'la zonzon
Si j'aurais su comment c'est, je m'serais pris un camion

Par-dessus, le commentaire se poursuit. « Il y a trois mois, cette jeune fille sans histoires met en ligne un rap, dénonçant l'ennui des petites villes de province. »

Retour sur la place Jourdan. Plan américain de la jeune fille. Lovana respire fort, les mots ne lui viennent pas. Elle fait non de la tête, lentement. En arrière-plan, Lucienne vibrionne. Quand Lovana parle enfin, son timbre est aussi inexpressif que son visage.

« Non, je voulais euh juste montrer ce que je sais faire, que les gens ils me disent si c'est bien ou quoi, ce que je dois améliorer. Euh le rap c'est ma passion et j'écris des textes depuis petite. Ça faisait longtemps que je m'entraînais, j'voulais juste qu'on me dise les progrès à faire. Je me prends euh pas pour une star. »

Sa voix s'éteint tout à fait et son cou ploie à nouveau. On dirait un jouet mécanique arrivé au bout du ressort.

La voix off reprend, aussi douce et chaude qu'une soirée d'été.

« Avec ce rap amateur qui massacre la langue de Molière et s'affranchit de tout sens du rythme, Miramas et ses chiens de la casse deviennent culte sur le net. La jeune Lovana vient de réussir le plus gros buzz de ce début d'année. Mais à ses dépens. »

Zoom sur un compteur de vues qui affiche 943 502 en surbrillance.

« Des centaines de milliers de visiteurs visionnent son clip et le commentent. Les 70 000 fans qu'elle compte sur Facebook sont l'arbre qui cache la forêt. Sans qu'elle semble s'en rendre compte, les internautes viennent de désigner leur bouc émissaire. »

Superposition rayonnante de captures d'écran façon film d'actualité des années 1930. On lit :

Tu fais pitié dsl

C nul de chez nul

Trop de lol

C'est de la merde, de la pure merde

L'accumulation s'accélère, mon œil n'arrive plus à suivre. Tap. Retour en arrière de deux secondes, avancée image par image.

C con que le ridicule ne tue pas

T'attan koi pour le camion ?

Retour à Miramas. Maintenant la caméra semble agrippée au visage de Lovana dans l'espoir d'en capter les variations. Las, la pêche est maigre. Pas un remous ne vient troubler la surface, l'étang de Berre dans la brume d'un matin d'automne. Toujours ce cou qui fait non, non. De temps à autre un clignement d'yeux et sa bouche qui s'ouvre lentement comme celle d'une carpe qui cherche l'air. La journaliste redémarre, avec une urgence nouvelle dans la voix.

« Les moqueries et les insultes fusent, puis ce sont les menaces de représailles. En l'espace d'une semaine, Lovana et sa famille sont submergés. C'est un flot de haine sans précédent qui s'abat sur cette ville tranquille de Provence. »

Le regard de Lovana se fixe sur un point éloigné de l'axe du viseur. « Je ne comprends pas ce qui m'arrive… » Hochement de tête. « Le plus dur c'est la nuit, ils appellent parfois à des deux, trois heures du matin. Ils ne disent rien, ils respirent et puis ils rigolent. Et une fois il y en a même qui sont venus pour entrer dans le jardin et se mettre sous la fenêtre de ma chambre. » Silence. Caméra immobile. Clignement. « Ils ont fait beaucoup de bruit, là. Comme des cris de singe. Ensuite ils sont partis. On a eu très peur, ma sœur et moi. »

Le cameraman dézoome. À l'arrière-plan, Lucienne se tient désormais immobile, les mains campées sur les hanches, l'œil chargé de malédictions.

« Avec mes parents, on discute parce qu'ils sont là pour me soutenir. »

« Non, ça fait mal. Ça m'a blessée mais j'essaie de passer à côté. »

« Non, c'est dur quand même. Surtout avec mes copines à l'école qui continuent de m'en parler. »

« Non, non, je vais arrêter de faire des vidéos pour que ça se calme. »

« En ce moment je fais une pause. »

Voix off, ton grave, on se dirige vers la fin.

« Ce que Lovana a subi, ça s'appelle un lynchage numérique, un phénomène émergent qui fait froid dans le dos. » Un micro-temps de respiration. « C'est malheureusement peut-être ça aussi la magie d'internet. »

Noir.

Que faire de ce corps qui tombe

À cette heure, je devrais être en train d'apporter mes vêtements à la laverie du haut de l'avenue, ou peut-être déjà de faire les courses au supermarché Sherpa de la vieille ville. Les chats auraient retrouvé leur place préférée sous la couette, Oga près de l'oreiller, Tssee au pied du lit, prêt à jaillir comme un diable de sa boîte. L'ordinateur serait rebranché et connecté à mon grand écran. Mais ce matin, je n'ai pas pris le train pour Briançon.

Au lieu de passer un coup de balai dans le cabanon avant de fermer les volets pour trois semaines, je suis montée m'étendre sur le lit dans la soupente. J'ai regardé le jour se lever derrière le velux, le bleu glisser de l'encre au cobalt, virer au parme, se poudrer d'or. Dans l'orme du voisin, la petite chevêche d'Athéna a salué le matin d'un cri aigu. Tssee est venu me rejoindre. Lentement, il a léché les larmes qui ruisselaient sur mes joues. Je l'ai laissé faire sans bouger.

Je vais rester ici quelque temps.

Il y a quatre ou cinq ans, en traînant chez un libraire qui débite pour pas cher des livres d'occasion, mes yeux se sont posés sur un livre rouge jusque sur la tranche, la couverture crevée seulement par un titre en fines capitales blanches serrées au centre de la couverture : *Que faire de ce corps qui tombe.* Je l'ai arraché à son bac, j'ai payé, et en rentrant, je l'ai lu d'une traite. Puis je l'ai déposé sur une étagère, face apparente. Depuis, il reste là à me toiser.

Ce court texte de John d'Agata et Jim Fingal restitue les échanges entre un journaliste et un relecteur obsédé par la véracité des faits au sujet du suicide d'un adolescent à Las Vegas en 2002. Tout, dans ce livre, résonne en moi, le décorticage maniaque du moindre détail, l'entreprise d'inventaire, la tentative désespérée de sonder l'insondable. Et ce titre.

Quand Ève est morte, nos parents ont fait comme ils ont pu ; rempart, pour m'épargner la douleur et la garder pour eux. Je me rappelle chacun des mots qu'ils ont employés.

Elle est tombée dans l'eau hier soir.

Elle est partie.

Maintenant elle veille sur toi.

Je n'avais jamais vu Ève tomber, Ève n'était tout simplement pas du genre à tomber. À sauter, oui, à plonger plutôt deux fois qu'une, à prendre son élan et à faire une roue parfaite, bien sûr. Mais tomber, non. Puisque c'était impossible, j'ai décidé que ça n'avait pas eu lieu, que ma sœur n'avait tout simplement pas existé puisqu'elle ne pouvait pas avoir cessé d'exister de la sorte.

Ève pourtant était tombée. À mon père, ma mère, je n'ai jamais demandé ni pourquoi ni comment. Je ne sais pas ce qui les hante, une fille morte de ne plus vouloir vivre ou une fille morte bêtement, par la faute à pas de chance, son pied si sûr qui aura dérapé, ou alors une hydrocution, le cœur brisé net dans sa course. Peut-être qu'ils n'en savent rien, eux non plus, qu'ils en sont réduits aux supputations, chacun dans son coin. Un jour suicide, un jour accident, et si seulement, et si j'avais. Ils sont forts mes parents, toujours côte à côte, des projets plein les cartons, le rire facile et les Clash en fond sonore.

Quelque part dans les années 2000, quand les journaux ont commencé à mettre en ligne leurs archives, j'ai cherché des échos de la mort de ma sœur. Je n'ai rien trouvé. Son nom n'existe que dans les fichiers de décès de l'Insee.

Ma sœur, une chute.

Quand j'ai vu le nom de Lovana en grandes lettres rouges, quelque chose d'Ève flottait dans l'air. *On t'a pas oubliée.* J'ai trouvé ça beau d'avoir pris le temps de saluer la mémoire d'une fille en lettres de quarante centimètres. J'ai cru y voir un hommage.

Peut-être même que j'ai envié la force de celui ou de celle qui avait su coucher son souvenir sur le mur. Et quand Excel a fait remonter à la surface ces autres mots sombres comme des crachats, *Tu pus la mort Hardcore*, quand j'ai vu le compteur affolé, 94 350 spectateurs réjouis, une colère est née. C'est à ça que j'ai pensé. Aux corps qui tombent et à ceux qui demeurent. Au silence imperturbable et aux toxiques éternels. À l'impossible oubli.

Je ne peux rien réparer. Je peux regarder, cependant. Et dire ce que je vois, une manière, peut-être, de rendre justice.

Le diable qu'on sait

Quand Lovana décide de partager sa vidéo en ligne, les plus vieux réseaux sociaux ont douze ans.

Le premier s'appelle SixDegrees. Créé en 1997, il s'inspire ouvertement du concept des six degrés de séparation proposé par l'écrivain hongrois Frigyes Karinthy en 1929. Selon cette théorie, chacun d'entre nous peut être connecté à n'importe quel autre habitant du globe en suivant une chaîne de connaissances ne comptant pas plus de cinq intermédiaires. Concrètement, le site SixDegrees permet aux internautes de se créer une page de profil personnel, de publier des informations sur un forum, d'établir des listes de relations rassemblant famille, amis, collègues et d'envoyer des messages à leurs contacts et aux contacts de leurs contacts. Au fil des mois, la plateforme glane 1,5 million d'utilisateurs. C'est un bon début mais ça n'ira pas plus loin, fin de l'aventure au bout de trois ans, faute de modèle économique viable. Aujourd'hui, un site portant ce nom est toujours en ligne. Il se présente comme *un réseau social des plus exclusifs où vous rencontrerez des personnes incroyables correspondant à vos intérêts.* J'ai tenté de m'inscrire, mais en l'absence de code de parrainage, j'étais coincée. Sur un forum de geeks fans d'archéologie du net, j'ai demandé si quelqu'un détenait l'un de ces précieux sésames dans ses archives et un utilisateur m'a demandé à son tour si je voulais parler aux fantômes de ma jeunesse. J'ai répondu oui.

En 2000, Hot or Not sort du bois. Le principe est aussi bête que cruel, on poste sa photo et les gens, n'importe qui, donnent une note de 1 à 10, assortie d'un commentaire éventuel. Pour la première fois, des millions de personnes peuvent contempler leur reflet dans le miroir digital, et le donner en pâture à la Terre entière. Hot or Not a disparu mais il a ouvert pour toujours la boîte de Pandore du jugement gratuit et anonyme. Interrogé par un journaliste il y a quelques années, Jim Young, l'un des deux créateurs, se demande s'il n'aurait pas mieux fait de passer ses jeunes années à arpenter le vaste monde plutôt que de créer cette effroyable machine à broyer les egos.

Puis vient Friendster, qui permet de faire connaissance avec les amis des amis de nos amis, de mettre à jour son statut et d'indiquer son humeur. Il explose en plein vol en 2003 : serveurs saturés. Les utilisateurs dépités se retrouvent sur MySpace, son jeune rival, qui devient en un clin d'œil le site de référence des ados branchés, spécialement des musiciens débutants. Il faut dire que le nouveau venu est particulièrement malléable, il autorise toutes les fantaisies. On peut ajouter n'importe quoi en HTML, changer la couleur du fond, les polices, ajouter des gifs. MySpace récolte 25 millions d'utilisateurs en 2005, suffisamment pour ouvrir l'appétit de Rupert Murdoch, qui s'en empare pour 580 millions de dollars, soit plus de 23 dollars par utilisateur. Un sacré pari, qui se soldera par un échec cuisant et une revente à un seizième du prix d'achat six ans plus tard.

Lovana crée sa page MySpace en 2008. On y trouve seulement une photo d'elle autour de douze ans, posant avec une autre fille aux cheveux clairs du même âge, mais beaucoup plus grande, toutes deux en tenue de majorette bleue et blanche devant un buffet rempli de bibelots. La livrée qu'elles portent est celle des Constellations, la troupe d'Istres. Je me demande si elle se souvient de cette image. Et la copine blonde, comment a-t-elle réagi lorsque le scandale éclate ?

La première moitié des années 2000, c'est l'explosion : LinkedIn, Wordpress, Photobucket, Flickr, Reddit, le français Dailymotion, ou encore la furtive plateforme d'échange de références de sites web Del.icio.us. Et puis, coup sur coup, Facebook, YouTube, Twitter. Les trois mastodontes sont en place.

Le 15 février 2004, Mark Zuckerberg, vingt ans, est le premier à poster une photo sur Facebook, né une semaine plus tôt. On le voit assis tout sourire sur la droite d'un canapé, en compagnie de Dustin Moskovitz et de Chris Hughes, qui travaillent eux aussi au lancement du réseau social. En légende : *C'était pour le Crimson (le journal d'Harvard) ; c'est fou ce qu'on avait l'air jeunes, surtout Dustin.*

23 avril 2005, 8 h 31. Jawed Karim, vingt-cinq ans et demi, ex-employé de PayPal, inaugure YouTube avec une vidéo intitulée *Me at the Zoo*. Elle dure dix-neuf secondes. Jawed Karim est au zoo de San Diego, vêtu d'une parka grise, noire et rouge passée sur un sweat-shirt bleu. On dirait un enfant. *Bon, alors on est là, en face des éléphants. Le truc cool avec eux, c'est qu'ils ont de très très longues trompes. Et c'est cool.* C'est à ce jour son unique création sur YouTube.

21 mars 2006, 21 h 50. Jack Dorsey, trente ans, écrit *Je suis en train d'installer mon Twitter.*

Je ne saurai jamais avec certitude ce que ces jeunes hommes pensaient en lançant leur site. Quels rêves les traversaient au milieu de leurs nuits ? Qu'imaginaient-ils de l'impact des outils qu'ils venaient d'inventer sur nos existences ?

Sur la chaîne YouTube de Jawed Karim, je n'ai trouvé qu'une playlist avec deux vidéos. La première immortalise une conférence donnée un an et demi après *Me at the Zoo* à l'université de l'Illinois. C'est mal filmé, on ne l'aperçoit que de très loin, coincé dans l'angle supérieur gauche de l'écran. Mais on l'entend parfaitement. Pendant une heure, il discute de ce qu'était internet avant l'apparition de YouTube et de ce que YouTube a changé. Le jeune homme hésitant au visage poupin et au sourire doux a disparu. Celui qui parle a la voix bien placée, un débit impeccable, ce qu'il faut de chaleur et de cynisme pour captiver son audience. Il a réussi. Ce 21 octobre 2006, il vient de vendre YouTube à Google pour 1,65 milliard de dollars.

Tout serait parti, explique-t-il, du Super Bowl 2004 et du sein de Janet Jackson jaillissant de son bustier devant 200 millions de téléspectateurs. « J'ai cherché la scène partout et je ne l'ai pas trouvée. Alors je me suis dit que ce serait mortel d'avoir un outil qui me permette justement ça, de trouver des vidéos qui m'intéressent, et de les partager aussi. » Surtout, Jawed parle de boulevard offert à la publicité, de gratification immédiate, d'attention captée et bientôt prisonnière, d'interactions débridées, de liberté de parole absolue, de viralité exacerbée.

En le voyant, si serein, évoquer la puissance de sa créature, je repense à un documentaire que j'ai visionné au cours de mes deux semaines en immersion dans le monde merveilleux des polluants éternels. Il est consacré au combat d'habitants de la ville de Parkersburg, Virginie-Occidentale, empoisonnés par des produits déversés dans l'eau de la ville par le géant de la chimie DuPont. Sciemment déversés : dans ses mémos internes, le groupe évoque l'un de ses produits sous le nom de code *The Devil we know*, « le diable qu'on sait ».

Je n'ai pas compris tout de suite ce que la seconde vidéo faisait dans la playlist de la chaîne de Jawed. Son créateur s'appelle TitaniumGrip. On y voit un jeune homme en marcel et short cargo effectuer un saut périlleux arrière depuis l'avancée du toit d'une maison, sous le regard impavide d'un couple assis sous le porche. Il atterrit sans heurt dans une pelouse grasse. Puis il se relève et s'approche de la caméra à pas lents et chaloupés. La dernière image est celle de son visage en très gros plan. Puis j'ai vu la date de mise en ligne, 25 mai 2005, un mois et deux jours après *Me at the Zoo*. Dans la foulée, j'ai découvert qu'une légende du net veut que cet homme, le quarante-deuxième utilisateur inscrit sur YouTube, soit aussi l'auteur du tout premier commentaire. Quelque part en juillet 2005, il aurait écrit *Interesting...* sous la vidéo de Jawed Karim au zoo.

Le compte de TitaniumGrip existe toujours, avec 31 000 followers qui le considèrent comme un héros du web. Il propose près de 200 vidéos, dont de nombreux sauts périlleux arrière (dans une forêt de séquoias, depuis un char de l'armée américaine, sur la plateforme d'un camion en mouvement), et plusieurs minifilms intitulés *Mais où est Jawed?* où il se met en scène en train de traquer le fondateur de YouTube dans des lieux aussi spectaculaires que reculés – en réalité, Jawed Karim a investi tout ou partie du produit de la vente de YouTube dans la création d'un fonds de capital-risque baptisé YVentures, qu'il dirige toujours. Il a joué un rôle actif dans l'émergence d'Airbnb, de Reddit et de Palantir, une société spécialisée dans les plateformes d'intelligence artificielle pour les services de sécurité intérieure et de défense. Le monde étant petit, il s'avère que Palantir a été créée par Peter Thiel, milliardaire chouchou de l'ultradroite américaine et ex-collègue de Jawed chez PayPal.

Une vignette en particulier a accroché mon regard. On y voit un mince livre en gros plan portant le titre *User#42*. Cette vidéo de 2015 s'ouvre sur son *backflip* historique et se termine sur un travelling nimbé de brume, très lent, de la « fameuse maison du saut périlleux. Elle est toujours là, malgré tout, même si elle est vide désormais ». Entre les deux plans, une main d'homme tourne les pages du livre. J'apprends que TitaniumGrip a écrit une autobiographie de sept pages dans laquelle il raconte ce qui l'a motivé à commenter *Me at the Zoo*. Pendant un temps, il commercialisait ce texte sur Amazon, mais je ne l'ai pas trouvé.

En avril 2009, Facebook affiche 200 millions de comptes actifs ; en France, sa fréquentation vient d'exploser grâce à sa toute première version pour smartphone et à son interface désormais traduite dans la langue de Molière.

Sur tout le mois d'avril 2009, YouTube recense 350 millions de visiteurs et Twitter enregistre 310 000 nouveaux inscrits chaque jour.

Et puis il y a Skyblog, créé en 2002 par la radio Skyrock, spécialiste du rap et du R&B. Le phénomène français devenu champion européen avec 23 millions de comptes. L'exutoire et le champ de créativité de toute une génération, celle de Lovana.

Ici T Libre

Vu d'aujourd'hui, Skyblog, c'est une bulle de fraîcheur. Bleu, rose, violet, beaucoup de violet, paillettes, dauphins bondissants et loups scintillants sous lunes pleines, *Lâchez vos comz*, des phrases hérissées de majuscules inopinées et de voyelles doublées, parfois les deux – *célilb Ou en cOuple, dEpartEment 38* –, des PIiix, encore des PIIIxs, des œuvres créées en Ascii Art. Et ce slogan magnifique, *Ici T Libre*.

N'ayant jamais utilisé le site, ni même tenu de blog, je le découvre avec des yeux d'adulte et ça me paraît loin. En 2007, à l'apogée de sa gloire, j'approchais du quart de siècle, j'étais déjà vieille. Mais je crois qu'à seize ans, j'aurais aimé disposer d'une telle fenêtre sur l'extérieur, j'y aurais sans doute posté mes premières photos, que mon père aurait scannées à son travail. Oui, j'aurais aimé ça si je n'étais pas née trop tôt.

Je viens de lire que la plateforme tirera sa révérence dans moins d'un mois et que tous ses contenus vont être sauvegardés par l'INA, qui veillera ainsi sur la mémoire de 12 millions de blogs anonymisés. Un monument kitsch et grave à une jeunesse disparue. Il n'y a rien eu de semblable avant, il n'y aura sans doute plus rien de tel à l'avenir. Les enfants d'aujourd'hui ne perçoivent plus internet comme un cahier magique où l'on peut laisser son âme prendre ses aises sans peur, grandir au chaud au contact de milliers d'autres. Ils connaissent les dangers, le lent travail de sape du jugement, la haine gratuite. C'est Lovana qui les leur a enseignés en premier, c'est elle qui porte le poids du péché originel de nos vies numériques.

Lovanadu13.skyblog.com est en ligne depuis juin 2007. Le blog est plutôt sobre comparé à ce que j'ai pu voir ailleurs. Un fond noir, beaucoup d'images légendées en rouge, bleu, jaune, rose. La plupart sont des photos de photos extraites de *Planète Rap* ou *R.A.P. R&B*. On remarque parfois un fragment de légende, ou la pliure du papier. Toutes les grosses pointures de l'époque se succèdent au fil des pages. Les membres de Psy4 de la Rime reviennent très souvent. Les commentaires sous les photos sont pour le moins succincts. *J'adore Soprano*; *I ♥ Sinik*. De temps en temps, Lovana glisse un cliché personnel. *Petite sortie en famille*; *Piknik sur la plage*; *Avec mes potes*. Celle-là, je la scrute longtemps et je la sauvegarde sur ma Dropbox ; où étaient ses amis lorsqu'elle était dans la tourmente ? Et puis, à l'été 2008, Lovana commence à montrer ses propres textes. Elle y parle de solitude, d'ennui, d'avenir incertain.

Le manuscrit de *Miramas chiens de la casse* apparaît le 2 avril 2009. Il est composé sur un cahier à grands carreaux. L'écriture de Lovana est ronde, enfantine et appliquée, elle a souligné des mots en rouge et surligné d'autres de jaune fluo, peut-être les passages risqués sur lesquels elle entend être vigilante, ou alors les mots à accentuer. Étang de Berre, bolos, zonzon, camion. En légende : *nouvelle ptite conpo.*

Le 7, elle poste une photo prise devant un magasin de mode, Jennyfer peut-être, je ne vois pas l'enseigne. Elle est en compagnie d'une autre fille aux mêmes traits nets, mêmes cheveux sombres, mais plus jeune, plus grande, plus souriante, sa petite sœur. Lovana arbore une casquette de base-ball noire avec une broderie *NY*, où l'étiquette est encore attachée. Elle fait le signe de la victoire. Sa sœur porte une casquette similaire, mais rose, assortie à un sweat à capuche en velours frappé d'un grand *J* strassé en gothique majuscule. À son épaule, un minuscule sac en bandoulière marron clair en forme de fleur, un modèle qui a traîné sur les étals du marché de Miramas pendant au moins trois ans.

La vidéo elle-même est publiée le 8 avril.

Pendant près de vingt jours, un calme plat règne sur le blog de Lovana. L'unique commentaire dans ce laps de temps est signé Petitecheyenne : *Continue ma sœur, tu jaire !*

Mâchoires

Seuls trois petits mois séparent Lovana-rappant-dans-son-salon de Lovana-terrassée-place-Jourdan. Trois mois, un souffle dans une vie de dix-neuf ans. Quatorze années ont passé depuis 2009. Les rouages du piège qui s'est refermé sur elle et les dents de sa mâchoire gisent désormais au fond du net. J'ai dû fouiller méthodiquement pour les ramener à la surface. Les déposer les uns à côté des autres sur un drap blanc maculé de terre. Les observer sous tous les angles, métal froid et ivoire acéré. Sentir la morsure.

Le 8 avril, Lovana met donc en ligne son rap sur Skyblog, YouTube et Dailymotion. Du 8 au 26, rien d'autre que le commentaire de Petitecheyenne. Et puis le matin du 26 avril, Anto, l'animateur de la tranche 6-9 de la radio Ado Salon Istres Miramas, plus connue sous le nom de Radio ASIM, reprend l'antenne après une coupure pub.

« 6 h 37 avec les deux autres relous, soyez les bienvenus dans le 6-9, j'espère que vous allez bien. »

Les deux relous en question font semblant de s'offusquer. On entend un « connard » et un « merci » en arrière-plan, les micros doivent encore être sur silencieux. Anto reprend : « Ouais mais vous étiez en plein blabla entre vous, vous étiez encore en train de parler de cette rappeuse que vous avez… »

L'un des deux autres le coupe : « Parce qu'on l'aime ! »

Les micros s'allument.

« On a beaucoup de choses à dire ce matin.

– On parlait d'une rappeuse incroyable qu'on a trouvée. »

– Comment on s'est pris une barre de rire, j'te jure.

– Elle s'appelle Lovana.

– Loanna ? Déjà c'est dar.

– Lovana, y'a du love en plus, tu vois ?

– Trop.

– Elle vient de Miramas et on vous a trouvé ça sur le net. Je vous jure, une pure tuerie. Moi j'adore, je suis super fan avec toute l'équipe, écoutez. »

Ils lancent alors un montage du rap de Lovana qui n'a conservé que ses bégaiements, ses « euh », ses silences, sa voix qui s'emballe pour rattraper le fil perdu, *Si j'aurais su comment c'est, j'me s'rais pris un camion...*

Les rires des trois animateurs déferlent comme vagues sur la grève. Le son du morceau s'estompe, ils se lâchent.

« Ouééé !

– Ça déchire ton son, meuf.

– Alors il faut expliquer que les blancs, en fait, c'est quand elle tourne les pages de son cahier, c'est pour ça, un réglage technique.

– Ouais, c'est parce qu'elle écrit ses propres textes, Lovana, y a du level là-dedans.

– Ça défonce et ça dénonce.

– Elle se fout pas de notre gueule. Kamini n'a qu'à bien se tenir.

– Écoutez-moi ça. Deuxième extrait. »

Dans la foulée, l'un d'entre eux, je pense que c'est Anto mais toutes leurs voix se ressemblent, se lance dans une imitation en en rajoutant des caisses. Ses deux comparses hurlent de rire. Les micros saturent.

Je sens qu'ils approchent de la fin de la chronique, il est encore temps de placer les trois paires de banderilles réglementaires. Des belles, bleu orange rouge, avec des harpons bien aiguisés, qui se planteront comme dans du beurre dans le flanc de leur proie. Ils se mettent à glapir en chœur.

« Si j'aurais su comment c'est, j'me serais pris un camion / Si j'aurais su comment c'est, j'me serais pris un camion / Si j'aurais su comment c'est, j'me serais pris un camion. Yeah. »

Ils doivent s'être levés pour danser, ce sont des coups sourds, des claquements de talons, des souffles hachés, et les micros qui se décrochent à force d'être secoués. D'autres rires fusent dans le studio. C'est la fête.

On entend quelqu'un dire :

« Moi je préférerais que tu te le serais pris le camion et que tu la fermes à tout jamais, en fait. »

Soudain, Anto reprend la parole. Il a dû demander le silence d'un geste, seule sa voix s'élève désormais. Elle est grave quand il dit :

« Non, sans déc, c'est vraiment de la merde, Lovana. Ça pue la mort. Hardcore. »

Radio ASIM n'existe plus depuis belle lurette, Anto a disparu des ondes. Je ne saurai jamais comment il a repéré Lovana, sur YouTube, Dailymotion ou sur Skyblog. Ou alors il n'aura même pas eu besoin de chercher. Quelqu'un, suffisamment proche de Lovana pour avoir eu connaissance de son blog, sera venu lui présenter cette pépite sur un plateau d'argent. Prends et dévore.

La grande porte du buzz

L'effet a été rapide. Le jour même, le blog de Lovana se constelle de commentaires moqueurs.

C nul.

De la grosse daube.

Caca (plusieurs occurrences).

T 1 insulte o rap.

Go lui mettre la misère.

Lovana c'est une hazba.

Tu fé honte à tout le département.

C'est con que l'avortement soit pas possible après la naissance

Et plusieurs fois, la phrase d'Anto, déjà culte.

Tu pus la mort hardcore.

Elle ne répond à aucun d'entre eux. Sauf à ceux qui écrivent qu'elle est la meilleure, qu'elle doit continuer, *c'est trop bien, le flow, le texte, tout. Tu as tué le game. J'ai trop hâte de ton nouveau son.* Eux ont droit à une émoticône cœur ou à un merci, parfois les deux.

Mon premier réflexe est de la juger bien naïve pour ne pas sentir le fiel de l'ironie. Quelque part dans mon for intérieur, il y a un entraîneur de boxe qui lui crie, garde ta droite, maintenant décoche, vise la mâchoire, plus fort. Mais soudain, il me vient à l'esprit qu'elle n'est peut-être pas dupe, qu'elle veut faire belle figure face à l'assaillant, affadir sa jouissance par un sourire. Enfin, c'est ce que j'aimerais.

Trois jours plus tard, c'est le premier clash. Ce mot était partout dans nos vies numériques au début du siècle. En 2008-2010, à l'apex du concept, un bon clash était un accomplissement, une voie pour exister un peu plus, la grande porte du buzz. Le principe est simple. Tu en veux à quelqu'un ou tu as simplement envie de te faire mousser à ses dépens ? Hop, prends ta webcam, apostrophe, vitupère, tous les coups sont permis, fais-toi plaisir. Plus tu es violent plus tu as du like, arithmétique magique.

Il vient de loin, le clash. D'Angola ou du Nigeria peut-être, où les jeux d'insultes sont très prisés pour enseigner les codes sociaux aux enfants tout en affûtant leur créativité. Il vient des *dozens* afro-américaines sans doute, ces joutes verbales saturées d'imprécations mises en scène devant une audience hilare et chauffée à blanc. Il est aussi passé par la télé qui décante tout, les débats de plateaux, puis les émissions de télé-réalité, point d'orgue dans les confessionnaux de la maison des secrets où, face caméra, Melody, Laurie, Amélie ou Anaïs confiaient leur colère en termes choisis – « Je fais ma gentille là, mais la vérité je vais lui casser la tête. Pour qui elle se croit, cette salle p… (insérer un bip) ». De là au clash de n'importe qui sur YouTube, le pas a été vite franchi.

Dans la genèse du clash, il y a aussi les battles de rappeurs, ces poignées de minutes où il faut être le plus rapide, le plus drôle, le plus incisif pour amener l'adversaire à rendre gorge, déposer les armes, partir la queue basse. Imaginez deux tétras lyres dans la neige à l'aube bleue. Splendides dans leur ramage de dignitaires flamands, pourpoint d'épais velours noir souligné au cul d'une fraise blanche finement tuyautée, caroncules rouges enflammées de testostérone. Booba et Sinik. Ils se jaugent, immobiles. Puis, parfaitement coordonnés, ils se projettent à deux mètres du sol en poussant des cris aigus. « Tu veux détrôner le Duc ? Tu vas t'la prendre dans l'uc. » « Après ce clash t'auras plus qu'à faire une fugue, ce mec est un menteur, c'est le bitume avec une flûte. » Ils tourbillonnent dans l'air quelques instants et retombent satisfaits, sous les yeux émerveillés de leurs congénères.

Pour Lovana, pas de combat flamboyant, mais une baston de chiens, âpres à la curée.

Le 29 avril, une vidéo intitulée *Clash Lovana du 13* est mise en ligne sur Dailymotion. On devine une silhouette mince, la tête couverte d'une capuche qui s'agite de manière véhémente sur le même beat : « Ferme bien ta gueule. Pour l'amour du rap. Ferme. Bien. Ta. Gueule. »

Le lendemain, c'est une autre qui se moque de son physique sur YouTube : « T'es si laide, tu fais peur, regarde-moi, je suis bonne. » Il y aura également des parodies de Lovana dans son salon, avec et sans déguisement, des pseudo-suicides debout sur une chaise, le nœud d'une corde autour d'un cou – *Lovana m'a tuer*. Un homme d'une trentaine d'années qui se branle en listant méticuleusement tous les orifices lovaniens qu'il voudrait défoncer sous les vivats d'une foule enregistrée.

Il y a enfin un clash qui n'est ni le plus créatif ni le plus virulent, mais qui est resté dans les annales. Master Bingo s'en prend à Lovana parce qu'il y a là matière à se fabriquer du like à peu de frais. Jusque-là, il n'a mis en ligne que deux vidéos où il enchaîne des grimaces assez drôles avant de laisser échapper un immense rire démoniaque. Ces miniséquences lui ont assuré plus d'une centaine de milliers de vues chacune, pas la gloire, mais un début de quelque chose. Il ne lui manque qu'un bon sujet pour éclater au grand jour. Lui aussi dit « ferme-la, ferme-la ». Il en fait même le refrain de son rap improvisé, accompagné d'un geste de la main qui me fait penser à une morsure. À la fin, il éclate de ce rire devenu marque de fabrique. À ce jour, il totalise plus de 70 millions de vues, dont une douzaine datent de ces dix-huit derniers mois.

Les commentaires disent :

Même en 2023, je vais regarder encore

Ce mec est un génie.

À l'époque on l'a regardai en boucle ptdr la bonne époque XD

Je suis revenu après 13 ans et c'est toujours aussi excellent

Ils disent aussi :

Il a jamais été drôle celui-là à par attiser la haine

T'as pas percé, ferme-la

Tu sais pas raper, ferme-la

Tu veux rabaisser, ferme-la

Tu veux blesser, ferme-la

Clasheur clashé, dure loi de la jungle.

La pochade de Master Bingo est une fantastique caisse de résonance. L'audience de Lovana explose. Dans les quinze jours qui suivent, un déluge de feu emporte la jeune fille. Ce n'est qu'un début.

Harpies

Entrent les harpies.

Ça leur va bien, ce nom. En les voyant, j'ai d'abord songé à des vautours ; j'en avais peur petite : si tu n'es pas sage, ils t'emporteront dans leurs noirs nids de fantômes. Mais je sais aujourd'hui qu'il nous faut les aimer avant qu'ils disparaissent – les polluants éternels flinguent lentement les systèmes endocriniens des oiseaux et affinent les coquilles de leurs œufs, qui éclatent sans un bruit sous le poids des mères. Les hyènes, pareil, elles aussi sont précieuses. Aussi, je préfère les appeler harpies, ceux qui ont dépecé Lovana lambeau par lambeau le 4 mai, apparus telles les trois divinités de la dévastation dans un brusque claquement d'ailes avant de glisser, rapides, et de fuir sous les astres, laissant leur proie à demi consommée et leurs traces répugnantes.

Je baptiserai donc Céléno celui qui accueille Lovana dans les studios de la radio star des

12-24 ans pour huit minutes de fine cruauté. Et Aello et Ocypète, ses tristes acolytes. Les millions d'auditeurs quotidiens de la tranche 6-9 vont en avoir pour leur argent.

« On t'a découvert sur internet, comme beaucoup d'artistes d'ailleurs. Alors, ça fait quoi de passer de l'anonymat à la célébrité en deux semaines comme ça ? »

Lovana répond qu'elle ne sait pas.

« T'as reçu beaucoup d'appels d'autres radios ou de maisons de disques ? » insiste Céléno. « Et quand est-ce que tu viens sur Paris ? »

Elle répond : « Non, j'ai pas les moyens pour monter, mais je vais essayer. »

Aello donne un coup de patte à son tour : « À la limite, si tu veux venir dans l'émission gratuitement, y a pas de problème, on s'arrange, tu nous fais un freestyle en direct pour toute la France ! »

Sa voix se précipite, grimpe dans les aigus, l'excitation est trop forte. Pour se calmer et détourner l'attention de sa proie, il l'interroge sur ses influences. Du rap et du R&B, Psy4 de la Rime, Dany Dan, Nessbeal, Alkpote, mais pas Diams.

La bête s'envole dans un grand froissement de plumes. D'un coup elle est aux limbes, tournoyant comme un fléau.

« Y a un album qu'est prévu bientôt ? Parce que comme t'enchaînes les morceaux, tout ça, ça va de plus en plus vite pour toi. T'as l'écriture facile en tout cas, c'est bien. Et tu vas bientôt faire de la scène, ça te brancherait ? Parce que nous, on pourrait envoyer des reporters et tout. D'ailleurs, j'en ai un devant moi, il serait trop ravi. Et dernière question, t'es au courant d'un mec qui, non, pas qui te clashe, mais tu sais, qui parle un peu sur toi. Si on te fait écouter, tu peux nous donner ton avis ? »

Magnéto. Il faudrait être sourd pour ne pas reconnaître cette grande salope de Céléno, emportée dans une parodie épaisse de Lovana, enjolivée d'une guirlande de « ferme-la » proférés en backs par Aello.

Retour au direct, la voix trempée dans le miel.

« Alors qu'est-ce que t'en penses ? C'est pas très cool, non ? »

Lonava, laconique : « Non, c'est pas cool. J'aime pas trop. »

La gorge de la jeune vierge est offerte, blanche, moelleuse. La bête n'y tient plus. Elle y plonge son bec et fouaille à corps perdu. C'est si bon. Elle a des cheveux plein la langue. Le goût du sang la fait rire à pleins poumons. Le micro sature.

« Alors tu nous ferais pas un petit clash pour lui répondre ? »

Lovana dit non. Elle n'a pas d'autre mot que ce refus minimal. Je jurerais que sa tête oscille comme elle le fera quelques jours plus tard devant les caméras de France 3 Provence. Ses cheveux bruns éternellement disciplinés qui suivent le mouvement. Là, elle n'a plus rien de la madone de Bellini pleine de grâce maladroite. C'est la même jeune fille, mais elle est cassée.

« Mais si, allez, fais-toi plaisir, tu nous dois bien ça. »

Et sans lui laisser le temps de reprendre souffle, les harpies lancent un son, lourd comme de la glaise.

« Vas-y ! Dis tout ce que tu as sur le cœur. »

Pas un mot ne sort. Les autres sifflent, allez, allez, allez.

Lovana rend les armes. « Je sais pas quoi dire. »

Jingle.

Sur la photo que j'ai trouvée, Céléno a une allure de gendre idéal un peu vieilli. Il présente un visage brun à la bouche pleine, des yeux rieurs soulignés d'un fin réseau de rides. Sa barbe a trois jours, elle est parfaitement entretenue. Il porte un tee-shirt bleu ciel traversé d'inscriptions gothiques illisibles. Ses bras poilus croisés bien haut sur son torse dissimulent des mamelles que je devine prêtes à exploser. Son lait est infect et les enfants ont soif.

Petites filles et jeunes gens s'accrochent aux tétins sans nul autre souci que boire, boire, boire le suc des harpies. L'ivresse est fulgurante ; ils vomissent en chœur. Pendant des jours qui doivent paraître des siècles à Lovana, c'est une bacchanale de tous les diables. De vidéo en vidéo, de commentaire en commentaire, je vois passer les mêmes phrases, dans d'innombrables bouches, *C toi la chienne de la casse, tu pus la mort hardcore* jusqu'à plus soif.

Il y a quelque chose de l'ordre de la communion là-dedans, on repère le besoin d'appartenance, l'impérieuse nécessité de la validation par le groupe. Et parmi tous les quidams qui viennent jeter leur pierre, certains sans doute comptent fiévreusement les likes pour se dire qu'ils valent quelque chose. On devine aussi ceux qui veulent briller, qui rêvent de leur quart d'heure de gloire sous les vivats. Les moqueries du début semblent douces désormais, la meute appelle au meurtre.

Fermons la gueule de cette deglingo.

Je cherche un tueur à gage pour supprimé Lovana.

Je donne un 650 SV contre son compte réglé.

Elle vivante je serai pas tranquille.

Et celui-ci, bouche béante collée noire à la caméra. *Je vais venir, Lovana, bouge pas, j'arrive.*

Je pourrais passer des heures à suivre les traces du carnage, elles sont innombrables, mais j'ai le cœur au bord des lèvres.

Oh Lovana…

Ces quatre-là, juste elles. Je ne peux pas faire comme si je ne les avais pas vues.

Elles ont dix-huit ou dix-neuf ans, frêles bébés harpies pas encore sevrés. Elles claquent des rémiges, elles voudraient voler, mais c'est encore un peu pataud. Alors elles sautent autour de Lovana, qui reste, piquet planté au milieu d'elles, dans la cour de leur lycée, habillée trop court, trop moulant, trop dentelé, j'imagine par leurs soins, harpies conseil en style. Elles sautent et elles criaillent. « Vas-y, réponds-leur ! Clashe-les ces connards, vas-y ! » Et elles sautent et elles la poussent et elles jappent.

Il y en a seulement une, la plus grande, qui s'arrête un instant. Je l'entends dire « arrêtez un peu », je la vois mettre la main sur la manche de Lovana, je crois qu'elle veut l'extraire du cercle. Mais elle se reprend et repart dans la ronde en riant.

Toutes ont dissimulé partiellement leur visage, mais je peux scruter leurs yeux à loisir. J'y lis des choses qui n'y sont peut-être pas. Je me dis que l'une d'elles a peut-être contacté Anto, l'animateur de Radio ASIM, pour lui dire qu'elle avait un truc drôle à lui montrer. « C'est une boloss, elle est dans mon lycée. Elle a posté un rap tout pété, allez voir sur YouTube. Mais vous dites pas c'est moi, hein. »

Je zoome et dézoome. Je sais que ça n'a aucun sens, qu'il n'y a rien à voir. Mais mon regard poursuit ses allers-retours entre la petite qui saute partout et la grande qui semble, un instant, effleurée par le scrupule. Les minutes passent et je reste bloquée. C'est plus fort que moi. Heureusement, Oga vient hurler sa faim à mon oreille.

Web-archéologie

Il y a quelques jours, j'ai écrit à TitaniumGrip, *back-flipper*, quarante-deuxième utilisateur de YouTube et supposé auteur du premier commentaire jamais posté sous une vidéo. J'ai eu du mal à trouver son mail, bien caché sur le site de la boutique où il vend des stickers et des verres ornés de sa silhouette en plein saut. Je lui ai demandé s'il pouvait m'envoyer, moyennant finances, la fameuse autobiographie de sept pages qu'il vendait il y a quelques années encore 2 dollars sur Amazon. Je lui ai expliqué que j'étais photographe et aussi web-archéologue improvisée, que je cherchais à comprendre l'enchaînement des faits qui avaient amené une adolescente française à se faire lyncher en ligne, la toute première d'une longue lignée. Je voulais savoir ce qu'il pensait, dix-huit ans après, de ce simple mot, *Interesting*, inscrit en réponse à *Me at the Zoo*. Je n'ai jamais vraiment cru qu'il me répondrait. Son mail est arrivé pendant le sabbat des jeunes filles.

Il commence sans crier gare, sans salutation.

Je n'ai plus ce texte, dit-il. *Je ne veux plus qu'il circule. Je l'ai écrit quand j'étais fier d'avoir été un pionnier. Maintenant, je pense que j'ai ouvert la porte de l'enfer. Des gens sont morts parce que d'autres les ont blessés avec des mots, incitant d'autres gens encore à faire pareil. Je continue à faire des vidéos, j'aime trop ça et puis je suis cascadeur, il faut que je me montre pour trouver du boulot, les temps sont durs. Je vis dans un mobil-home avec mon chien, je vends des goodies à des fans et je tourne des vidéos absurdes. Je n'ai pas désactivé les commentaires, je les lis tous.*

Voilà. J'ai dit tout ce que j'avais à dire.

Il a sauté quelques lignes.

Laissez-moi tranquille s'il vous plaît.

Sur sa page YouTube, une autre vidéo est apparue, bricolée avec une appli d'intelligence artificielle. Le titre est *L'IA a transformé mon chien en dragon.* On y voit une créature bleu clair menaçante, bien plus Cerbère que serpent ailé. La métamorphose est assez maladroite, on aperçoit les poils en transparence sous les écailles. Et quand l'animal saute – on dirait qu'il va mordre la main de son maître –, ça va beaucoup trop vite, le chien réapparaît clairement, simplement étiré par l'algorithme. À la fin du clip, un lien vers le site où il vend ses stickers. Ça s'appelle Backflip Nation.

Ici sont les dragons

Dimanche. D'habitude, quand je suis à Briançon entre deux reconductions, c'est jour de relâche, pas de retouche, pas de classement, rien. Marcher, lire, voir des amis, parfois. Mais depuis ce matin, je n'arrête pas. J'ai balayé la grande pièce et la soupente, j'ai passé l'évier, la douche et les toilettes à la javel, lessivé le carrelage à grande eau et astiqué les fenêtres. J'ai changé les draps et les ai apportés à la laverie. Rangé tout ce qui traînait, vaisselle, vêtements, matériel photo. Le cabanon est redevenu page blanche. J'en avais besoin, faire place nette pour accueillir cette histoire qui m'obsède. Maintenant, il est temps de peupler le mur derrière mon bureau. J'aime avoir des images dans mon dos quand je me concentre, sentir leur poids.

La madone est déjà là depuis bientôt quinze ans, fixée au plâtre par une punaise blanche. Je n'y vois plus que Lovana, l'impavidité minérale de son visage et l'indifférence étanche de son regard. Le ciel à ma fenêtre est le même que sur le tableau, l'azur obscurci par de gros nuages chargés d'humidité. Je sais que si je sors dans la courette, Miramas-le-Vieux se découpera sur l'horizon en écho à la colline italienne. En prenant un peu de temps, je pense que j'arriverais à trouver par ici un point de vue similaire au paysage de Bellini.

Juste à côté, le mur du Croisement et ses deux inscriptions, rouge et bleue.

J'ai également accroché un agrandissement de la dernière photo de notre famille au complet. Sur le recadrage, il n'y a plus qu'Ève ; on aperçoit mon pied droit chaussé d'une sandalette dorée devant ses Converse blanches et un tout petit fragment de champ de blé en arrière-plan. J'ai laissé telle quelle la couleur du tirage, qui a considérablement viré au vert en trente-quatre ans. L'année prochaine, Ève aurait fêté son cinquantième anniversaire, elle serait peut-être devenue ornithologue, elle en rêvait. Je réalise que ma sœur n'a jamais eu seize ans. Qu'elle n'a jamais entendu parler de YouTube ni d'internet. Personne ne lui a écrit *t'es tro belle bb* en dessous d'un selfie. Aujourd'hui, ma sœur ne me manque plus pour ce qu'elle a été, c'est celle qu'elle serait devenue qui laisse un vide.

J'ajoute au mur une saxifrage, une minuscule plante qu'on nomme aussi perce-pierre car elle s'épanouit volontiers dans les anfractuosités. J'en ai plein dans mes albums, je l'aime beaucoup. Et puis le gros plan d'un galet de Crau, de ceux qui châtièrent les Ligures et les fils de Caïn. Je l'ai photographié au Croisement, le même jour que le mur. C'est à lui que je pense quand je vois Lovana encerclée par les furies du lycée. Il n'a pas l'air très lourd, et sa forme est douce. Mais il épouse parfaitement la paume ; on le projetterait facilement.

À même le plâtre, au marqueur bleu, je relie les images les unes aux autres de lignes à peine tremblées. À l'école, on nous demandait tout le temps de dessiner des cartes mentales, dans l'espoir de nous amener à structurer nos expérimentations en « découvrant de nouvelles voies à explorer ». Je n'ai jamais rien compris à l'exercice alors je tirais des traits au hasard, dans le vide ou en bégayant plusieurs fois sur le même trajet, photo A, photo B, photo A, photo B, etc. Mais cette fois, j'ai relié proprement.

mur madone pierre

Ève plante

Une île.

La bibliothèque publique de New York conserve un globe terrestre en cuivre daté de 1508. Sur la côte est de l'Asie, pile sous l'Équateur, on peut lire *Hic*

Svnt Dracones, « Ici sont les dragons ». La mention s'inscrit dans une minuscule baie, il n'y avait sans doute pas la place d'y dessiner les serpents de mer et les créatures ailées qui habitaient les confins inexplorés des cartographies médiévales. Au-dessus, une autre mention, *Anf Vroin*. Personne ne sait ce que ça veut dire.

Mon île s'appelle Anf Vroin. J'écris son nom comme je peux, faufilant les lettres entre les traits.

Ici sont les dragons.

Des fantômes dans la boue

En Crau, les canaux sont la vie. Sans eux, la terre reste muette. Il y a quelques années, en divaguant avant de rejoindre ma station du mois – ça devait être une des trois plus au Nord, avenue du Ponant, les Ruches ou Saint-Suspi –, j'ai été appelée par une ruelle de maisons basses, pour la plupart dissimulées derrière de grandes haies. La rue Adam-de-Craponne naît rue de l'Abbé-Couture et meurt en impasse à moins de deux cents mètres du cabanon. J'aime ce prénom, Adam, pour une raison évidente. Et Craponne, c'est joli, j'imagine un batracien tout rond à l'abri d'une motte fraîche, ou ce sorbet au citron monté au blanc d'œuf que faisait ma grand-mère et qu'elle appelait *criponi*. Adam de Craponne, 1526-1576, natif de Salon, ingénieur chargé des fortifications à la cour d'Henri II. Parce qu'il a su mettre Metz à l'abri des menaces de Charles Quint, le roi lui accorde l'autorisation de dériver les eaux de la Durance de

La Roque-d'Anthéron à sa bonne ville de Salon. Le canal de Craponne est inauguré en 1559. Dans un premier temps, il approvisionne les moulins à grains et à olives. Puis il met le cap sur l'étang de Berre en cheminant à travers la steppe, permettant l'essor des prairies à foin qui a longtemps garanti la modeste prospérité de ce coin de Provence honni des dieux.

Aujourd'hui, Miramas est traversée de tout un réseau de canaux, sans lesquels la ville ne se serait jamais développée, ses habitants condamnés à guetter la pluie depuis leur piton rocheux, l'angoisse au gosier. Sans les canaux, pas de fermes dans la plaine, sans les fermes, pas de train, sans les trains, pas d'industrie, sans industrie, pas de logistique, sans logistique, pas d'avenir pour Miramas.

Je sais tout ça, je sais que je devrais être contente de savoir ma courette léchée sur deux côtés par le canal de Raoux, l'un des nombreux embranchements de l'édifice d'Adam de Craponne. Mais entre moi et les canaux, c'est compliqué.

Il y en avait un, plus vieux encore que les canaux de la Crau, qui traversait mon enfance en ligne droite, ses berges taillées au cordeau. Il parcourt la rase campagne beauceronne à cinq minutes à pied de la maison où j'ai grandi. Mon père et mon grand-père s'y donnaient rendez-vous, pour pêcher le carnassier au leurre métallique ; *swimbait*, *crankbait*, *jerkbait*, *minnows*, *jiggers*, tout un tas de mots fascinants. Je les accompagnais de temps en temps, aussi muette que les carpes qu'ils attrapaient parfois. J'aimais bien cet environnement. On y sentait la main de l'homme, l'eau était domestiquée, je préférais.

Entre seize et dix-sept ans, j'y suis allée seule presque chaque jour, appareil photo en bandoulière. Je mitraillais tout sans discernement. Je passais mon temps dehors mais je ne partais jamais bien loin de la maison, je ne voulais pas inquiéter ma mère. J'ai dû prendre des centaines de photos de cet endroit, sous toutes les lumières, à toutes les saisons. Gris pâle sous la brume de fin d'hiver, vert obscur, assoupi sous une couverture de feuilles rousses, aussi bleu que le ciel. Des dizaines de cercles laissés par les poissons et d'innombrables entrelacs dessinés par les gerris qui cavalent à la surface.

Mais un après-midi, quand je suis arrivée au canal, il n'était plus là. À la place, deux alignements de palplanches croûtées, émaillées çà et là de touffes de plantes déjà roides. La puanteur m'a retenue un instant mais j'ai fini par m'approcher. À la place de l'eau où mon regard s'abîmait si bien d'habitude, il n'y avait qu'un amoncellement indistinct de boue et d'objets noyés.

Dans ma mémoire gisent un caddie roues en l'air, des grilles encore fichées dans des parpaings, une grosse machine à laver hublot béant, une portière de voiture cabossée. Et surtout, à l'aplomb de mes pieds, impossible de ne pas le voir, un sac US, facilement reconnaissable malgré sa gangue brune. Ils étaient partout ces sacs à l'époque, sans doute fabriqués massivement en Chine pour satisfaire la demande de lycéens en mal de mythes. Mais pour moi, c'était Ève. Encore aujourd'hui, si je pense à ma sœur, je vois d'abord sa chevelure d'écureuil fou, son sourire piqué de son et, tout de suite, le sac US kaki pendant à son épaule, une attache laissée ouverte pour se conformer aux codes adolescents de l'époque.

Pendant des années, le sac n'avait plus existé, jusqu'à ce que le canal le plante à mes pieds. Je suis descendue au fond. La boue craquait sous mes pas. Le sac était encore humide. Il sentait fort. J'ai trouvé tout de suite le nom de son ancien propriétaire. Ce n'était pas celui d'Ève, je le savais pertinemment, ça faisait plus de dix ans qu'elle était morte et le canal n'y était pour rien. Peut-être même que son sac était resté dans sa chambre ce soir-là, c'était un samedi.

Mais entre les deux murs de palplanches qui avançaient tout droit vers l'horizon barré d'un rideau de grands arbres, il n'y avait qu'Ève, comme sur la photo punaisée derrière mon bureau entre deux traits de marqueur bleu. Le silence autour, l'eau absente. Je sais l'enchaînement des images et des pensées qui m'ont traversée à ce moment-là, rien ne s'est enfui, cependant je ne peux pas dire si c'était douloureux ou pas. À chaque fois que je suis retournée au canal par la suite, j'ai revu la boue brune, le sac poisseux.

À Miramas, quand j'ai pris possession de ma maisonnette et que l'agent m'a dit « vous avez le canal pile là, qui fait un coude en bas de votre terrain, vous aurez des plantes splendides », j'ai marqué un temps d'arrêt. Le premier soir entre ces murs, une fois mes étagères fixées, j'ai traversé la cour pour aller voir. Mais le canal de Raoux n'a rien à voir avec celui de mon enfance. Il ne mesure guère plus d'un mètre de large et ses berges sont en terre, ce qui lui donne une allure plus sauvage. Il n'empêche que chaque fois que j'apprends qu'il va être vidé, je suis partagée entre l'instinct d'aller observer ce qui se cache au fond et l'envie qu'il disparaisse à jamais.

Je me demande ce que Lovana pense des canaux. Si parfois elle aussi aperçoit des fantômes dans la boue.

C'est indélébile

J'ai vu les assauts, j'ai vu la violence des coups, la transe collective, mais je n'ai aucun moyen de savoir ce que ça lui a vraiment fait. Comment cette jeune fille qui aimait le rap a vécu le fait de se réveiller un matin bouc chassé au désert ou baudet pendu pour avoir cédé à l'appel de l'herbe tendre.

Dans ses apparitions à la radio ou à la télévision, Lovana ne laisse rien paraître. Dans sa bouche, des mots simples: « c'est très dur »; « ça m'a blessée »; « non, non, non ». Mais son visage reste opaque et sa voix sans émotion. J'ai envie de lui hurler de réagir, de crier, d'éclater en sanglots, n'importe quoi plutôt que ce masque plat. Mais qui sommes-nous pour lui jeter la pierre, mon fantôme impleuré et moi?

Après les attentats de 2015, j'ai lu des articles sur la sidération. Jusque-là, j'imaginais le cerveau attaqué en train de se déconnecter pour ne pas avoir à gérer la situation, toute capacité d'analyse anéantie. Vous faites ce que vous voulez, mais moi je ne suis plus là pour personne, ok? Un lapin dans les phares. Mais si j'ai bien compris, il y a là moins un renoncement à agir qu'un réflexe de survie. Le cerveau s'absente pour éviter que les hormones du stress sécrétées par l'amygdale en surchauffe le détruisent tout à fait.

Plusieurs victimes de viol ont décrit cet état de dissociation. Extérieures à leur corps, elles ont assisté à la scène sans broncher, les yeux fermés. Elles diront par la suite: «Je ne voulais pas me laisser faire, mais mes bras et mes jambes refusaient de réagir.» C'est ce qu'elles essaieront du moins d'expliquer aux juges qui les auront peut-être vues, poupées de chiffon, la nuque déjetée, placidement abandonnées, sur les vidéos tournées par leur violeur. «Je ne pouvais pas, je savais ce qui se passait, mais tout était bloqué.» Et le bourreau, dans le box des accusés, trop content de la perche tendue: «Vous voyez maître, si elle avait bougé, vous pensez bien que j'aurais arrêté. J'ai cru qu'elle était partante, moi. Comment voulez-vous que je devine?»

Dans les silences de Lovana, voilà ce que j'entends.

Depuis 2009, elle a totalement disparu des réseaux sociaux. Je n'ai pas trouvé son adresse. La seule chose que j'ai pu dénicher en ratissant le web de fond en comble, c'est une simple mention dans la page «ils nous ont rejoints» du blog d'une entreprise de nettoyage industriel de Salon-de-Provence. J'ai appelé, elle ne travaille plus là-bas depuis l'an dernier. Presque rien, mais ça me soulage, ça me suffit pour savoir qu'elle a continué à vivre. D'autres ont préféré ne pas.

La litanie est longue.

Elle commence aux États-Unis plus de deux ans avant le calvaire de Lovana. Le 17 octobre 2006, précisément.

Quand elle s'est pendue dans le placard de sa chambre, Megan Maier avait treize ans, onze mois et onze jours. Elle avait ouvert son compte MySpace à peine plus d'un mois plus tôt. En théorie, elle aurait dû attendre son quatorzième anniversaire pour pouvoir s'inscrire, mais ses parents l'avaient autorisée à mentir sur sa date de naissance à condition qu'elle n'utilise MySpace qu'en leur présence et qu'elle soit prudente. Megan respectera ce pacte jusqu'au jour de sa mort.

Pendant les premières semaines, elle profite pleinement des joies de la plateforme, bombardant ses amis réels et virtuels de bulletins – ainsi que se nomment les messages publics réservés aux abonnés d'une page – ingénus, parfois moqueurs. Très vite, elle s'attache à un garçon qu'elle ne connaît pas en vrai mais qu'elle a accepté dans le cercle de ses connaissances avec l'autorisation de sa mère, parce qu'il est vraiment trop mignon et touchant. Il s'appelle Josh Evans et il a seize ans. Il est charmant avec elle. Sous la photo où elle apparaît coiffée d'une tiare lourde de strass, il commente : *Tu es ma belle princesse.* Dans un message du 12 octobre adressé à une de ses amies, Megan écrit : *Josh = absolument merveilleux. Josh = 100 % merveilleux, rien d'autre à dire !!!*

Le soir du 15 octobre, Josh lui envoie un message en privé. Il lui révèle qu'il a entendu des choses ; on lui a dit qu'elle était méchante avec ses amis. La jeune fille perd pied, elle a toujours été particulièrement sensible au regard des autres, une remarque anodine peut suffire à la déstabiliser. Elle a traversé des épisodes de dépression grave lorsqu'elle avait huit ans, elle a longtemps pris des traitements qui assommeraient un cheval. Megan ne comprend pas pourquoi l'adorable Josh insinue qu'elle est méchante, et d'abord comment peut-il le savoir, vu qu'ils ne se connaissent pas vraiment, et qui est-il en fait ?

Le 16, l'adolescente se rend au collège. Elle fait comme si de rien n'était et distribue des invitations pour sa fête d'anniversaire qui aura lieu dans trois semaines. Quand elle rentre chez elle, Josh lui a écrit. Cette fois-ci, plus de demi-mesure : *Tu es une merde et le monde serait mieux sans toi.* D'autres abonnés, brutalement rangés du côté du jeune homme, la matraquent d'insultes, auxquelles Megan répond sur un ton de plus en plus paniqué. Pour la première fois, elle désobéit à ses parents et reste en ligne alors que son père est au travail et que sa mère a quitté la maison pour un rendez-vous médical. À 5 heures de l'après-midi, Tina Meier découvre le corps de sa fille, une ceinture en tissu serrée autour du cou.

Un mois après la mort de Megan, une voisine se confie à Tina. Elle lui révèle que Josh Evans n'existe pas. C'est un faux compte créé par une autre mère du quartier pour venger sa fille, qui se plaignait d'avoir été délaissée par Megan, son ex-meilleure copine. Les messages envoyés par Josh étaient principalement rédigés par une toute jeune employée de cette femme mais aussi par d'autres personnes des environs, dont la propre fille de la voisine dénonciatrice, incitée à participer à la curée *just for fun*.

Traduite en justice devant la cour du Missouri par les Meier, l'instigatrice du faux compte a été acquittée au bout de deux ans de procès. Pour seul commentaire, le porte-parole du shérif du comté où habitait Megan dira : « Ce que cette mère a fait a peut-être été brutal, c'était peut-être immature, mais ce n'était pas illégal. »

Depuis, la plupart des États américains se sont dotés de lois permettant de punir le cyberharcèlement, mais pour l'heure, rien de tel n'existe au niveau fédéral. Chaque tentative de légiférer sur la question suscite de massives levées de boucliers des défenseurs des libertés individuelles, mais aussi des plateformes qui refusent d'être tenues responsables de ce qui circule sur leurs réseaux. *Le diable qu'on sait.*

Après Megan Meier, il y a eu Tyler Clementi, dix-huit ans, filmé à son insu en train d'embrasser un autre garçon dans sa chambre d'université et exposé sur Twitter par son colocataire et une amie de ce dernier. Le jeune homme tente de mobiliser l'encadrement de la fac pour sa défense, en vain. Il plonge du pont George-Washington reliant Manhattan au New Jersey le 22 septembre 2010, trois jours après la mise en ligne des images volées. Quelques minutes plus tôt, il a posté un dernier message sur Facebook. *Je saute du pont GW, désolé.*

Puis Rebecca Ann Sedwick, douze ans, traquée sur internet par une quinzaine de camarades de classe, certaines ses amies. *Tu devrais mourir, t'as pas les couilles de te tuer ?*

Amanda Todd, quinze ans, au bout de plusieurs années de persécutions incessantes à l'école et en ligne, conséquence d'un chantage orchestré par un inconnu qui menaçait de diffuser des clichés d'elle, seins nus. Un mois avant de se pendre, elle publie une longue vidéo sur YouTube. Pendant neuf minutes, elle y fait défiler des feuilles de papier A4 sur lesquelles elle raconte son calvaire.

Mes seins étaient sa photo de profil… je ne pourrai jamais retirer cette photo, c'est ici pour toujours… / La fille et deux autres me disent regarde autour de toi, personne ne t'aime… / Elle m'a jetée à terre et frappée plusieurs fois… / J'ai bu de l'eau de javel…

Six mois passent. Les gens postent des photos de javel, de Clorex… *Elle devrait essayer un autre produit, j'espère qu'elle mourra cette fois.*

J'ai fait une overdose… J'ai été à l'hôpital pendant deux jours… / Voilà ce qu'il reste de moi maintenant… / Ça ne s'arrête jamais. / Je n'ai personne. J'ai besoin de quelqu'un :(

Sur la dernière feuille, on lit simplement : *Je m'appelle Amanda Todd.*

Tysen Benz, onze ans, s'est pendu parce que sa pseudo petite amie virtuelle venait de simuler son propre suicide. Ashawnty Davis, dix ans, s'est tuée après avoir découvert sur Musical.ly, l'ancêtre de TikTok, une vidéo d'elle en train de se battre avec une fille qui la harcelait régulièrement en classe.

Ces dernières années, le mouvement s'accélère, partout dans le monde.

En France,

Cédric, dix-sept ans, 2012

Gauthier, dix-huit ans, 2012

Marion, treize ans, 2013

Nicolas, seize ans, 2015
Sarah, dix-huit ans, 2016
Line, dix-neuf ans, 2018
Elyse, seize ans, 2020
Juliette, quinze ans, 2021
Marie, quinze ans, 2021
Maeva, 22 décembre 2021.

Maeva avait trente-deux ans, quatre enfants, 160 000 abonnés sur YouTube. Elle crée son vlog en 2015 avec son mari de l'époque, lui-même youtubeur. Elle y présente quotidiennement sa vie de famille idéale dans un beau manoir mosellan, ses coups de cœur sponsorisés, ses petites et grosses galères d'épouse et de mère. En 2019, le couple divorce et les relations s'enveniment autour de la garde des enfants. Sur le net, deux clans se constituent. La haine se déchaîne. Dans un reportage de TF1 tourné quinze jours avant sa mort, la jeune femme lit d'une voix blanche quelques-uns des centaines de messages qu'elle reçoit chaque jour. Chaque jour, pendant des mois qui deviennent des années.

Tu es un monstre

Tu donnes la gerbe

Tu es une putain de pourriture, j'espère que tu vas payer

Elle dit aussi : « C'est indélébile, internet c'est indélébile. »

Entre mai 2020 et décembre 2021, Maeva a déposé cinq plaintes pour harcèlement moral et provocation au suicide contre son ancien conjoint et contre X. Contre X l'inconnu, pas X l'ex-Twitter.

Je suis allée voir sur X, l'ex-Twitter, pas l'inconnu. Le hashtag correspondant au pseudo de Maeva confirme ses propos. Internet est indélébile. Les faux comptes à son nom sont toujours là, les crachats, les moqueries, les appels au meurtre et au suicide, les prétendus messages de réconfort qui se retournent à la dernière phrase pour la gifler en pleine face. Le dégueuloir ne s'est pas tari avec sa mort. Régulièrement, des *bien fait pour elle, cette salope* apparaissent. Ses enfants pourront les lire quand ils seront grands.

J'ai aussi saisi le hashtag désignant l'ex-mari, accusé par le camp adverse d'avoir soufflé sur les braises. La haine est la même. Sa femme actuelle est également visée par des internautes aux colères débordantes. Elle a dû changer d'emploi et a déposé une dizaine de plaintes. Le couple a créé un site où s'affichent les messages reçus semaine après semaine, classés dans une bibliothèque du harcèlement bien rangée : grossophobie, hygiène/insultes envers elle/insultes envers lui/vie privée/mensonges et calomnies/menaces de mort/employeurs et institutions/concerne les enfants.

Une section rassemble des enregistrements sonores. On y entend des vieilles dames, harpies chenues, proférer des horreurs avec une gourmandise manifeste.

La page d'accueil recense actuellement 1 549 messages publiés et plus de 123 000 visiteurs.

Selon une étude de 2022, 60 % des 18-25 ans ont été victimes de cyberharcèlement. Parmi eux, 49 % ont déjà pensé au suicide.

Viens, on crache

Et au commencement, il y a eu Star Wars Kid. Ghyslain vit au Québec, il a quinze ans. Au lycée, il participe à un projet cinéma. Son truc, c'est la technique. Son établissement possède un nouveau logiciel de montage et les élèves doivent apprendre à s'en servir. Pour ça, il fabrique une vidéo d'entraînement en se filmant en train de manier une réplique de sabre laser. Ça fera l'affaire. Nous sommes en 2003, quelque part entre le mésolithique et le néolithique du web. Aucun des grands réseaux sociaux que nous utilisons aujourd'hui n'existe vraiment alors, mais on se débrouille avec les blogs et des canaux de communication sommaires, baptisés réseaux pair à pair. Quand on aime quelque chose, on peut, par exemple, diffuser sa trouvaille via Kazaa. C'est ce que font trois camarades de classe de Ghyslain quand ils trouvent par hasard la cassette contenant son petit film. C'est drôle, viens, on partage.

Le jeune homme est obèse, mal vêtu, mal coiffé, ses mouvements sont confus et son sérieux déconcertant. Chair à même. Sa vidéo circule de mains en mains, jusqu'à atterrir sur un blog très suivi qui lui offre une belle chambre d'écho, rapidement envahie de milliers de rires gras. La haine gratuite a trouvé son agora. Les moqueries se structurent et se nourrissent d'elles-mêmes, grossissent, explosent. J'observe le même phénomène avec Lovana : quelqu'un balance une formule bien tournée, les suivants rebondissent en apportant une touche personnelle, et ainsi de suite. Marabout, bout de ficelle, selle de cheval, mais avec des mots qui coupent. Un pour tous et tous contre un.

Quelques-uns s'affolent, *vraiment ça va trop loin*. L'auteur du blog lui-même frémit de dégoût devant l'ouragan. Il tente de faire taire les fétides, *Ok, on a compris les gars*. Mais il est trop tard, la créature lui a déjà échappé, elle a contaminé les chambres d'ados de toute l'Amérique du Nord. Les médias régionaux, puis nationaux, observent ses traînées dans l'azur. C'est nouveau, un peu mystérieux, un peu effrayant, viens, on en parle.

Si Ghyslain avait braqué une banque ou s'il avait assassiné une vieille dame à coups de pic à glace, personne n'aurait su son nom complet, personne n'aurait vu son visage plein écran, personne n'aurait su où il habitait. Pour son malheur, Ghyslain n'est pas un criminel mais un phénomène internet, un objet de mode. On a le droit de jouer avec, sans scrupule. Sous couvert de raconter un fait divers qui annonce peut-être une dangereuse mutation sociétale, journaux et télés se repaissent de sa souffrance. Cette deuxième chambre d'écho a un effet radical. Elle fournit une cible splendide à tous ceux qui rongeaient leur frein dans l'attente d'une proie digne de leur venin. C'est facile, viens, on crache.

Pour Lovana, six ans plus tard, la mécanique sera quasiment la même, à une nuance près : au lieu de se contenter de récupérer la tendance pour fabriquer de l'audience, les radios ont préféré souffler sur les braises. Quand j'écoute ces émissions, j'entends l'exaltation dans la voix des animateurs. Il y a l'urgence de ne pas laisser passer ce cadeau du destin, d'être de ceux qui croqueront dans cette belle pomme rouge, luisante, si fraîche. Ça a marché du feu de Dieu. C'est la bonne expression.

Si elles commençaient à circuler aujourd'hui, les vidéos de Lovana et de Ghyslain ne connaîtraient pas le même destin. Il y a tant de flux, impossible de choisir le bon cheval, celui sur lequel il faut parier. Elles totaliseraient peut-être 10 000 vues, 50 000 tout au plus. Elles ne déclencheraient même plus l'hilarité, du moins pas à une telle échelle, et pas aussi longtemps. L'humanité s'est lassée de ces grands procès convoquant pendant des mois des millions de petits jurés. Elle s'est tournée vers des formats plus modestes, intimistes parfois, qui n'en sont pas moins désastreux pour ceux qui en font les frais.

Maeva, qui a préféré mourir après deux ans de violences quotidiennes, n'était pas harcelée par une horde innombrable, mais par quelques poignées d'acharnés qui revenaient régulièrement, plusieurs fois par jour pour certains, faire tourner au pilori.

Répertoire de formes

Intimidations.
Insultes.
Moqueries.
Menaces.

Ça, c'est le tout-venant, le harcèlement de monsieur Tout-le-Monde. La cyberviolence présente parfois des atours bien plus sophistiqués, tortures raffinées et roueries dissimulées. Adepte des listes, j'en dresse une, classée par ordre alphabétique, sinistre comme les carnets de notes d'un bourreau.

Arnaque aux sentiments : vise à entraîner une personne dans une fausse relation amoureuse via les réseaux pour lui extorquer de l'argent ou voler ses données personnelles. Parfois, l'arnaque n'a d'autre objectif que d'humilier la victime lorsque la supercherie éclate au grand jour.

Body shaming: prise de parole visant à disqualifier ou stigmatiser quelqu'un en raison de son apparence physique.

Chantage à la webcam: pratique qui consiste à amener une personne à se dévêtir face caméra avant de la filmer à son insu; les images font ensuite l'objet d'un chantage à la confidentialité.

Cybergrooming: stratégies manipulatoires déployées par un adulte pour gagner la confiance d'un mineur, essentiellement dans le but d'engranger à terme des contenus à caractère sexuel.

Cyberstalking: traque orchestrée sur le net avec dépôt de traces volontaire par le *stalker* afin de susciter un sentiment d'insécurité.

E-rumeur: diffusion d'une information fausse ou non vérifiée.

Doxing: diffusion d'informations personnelles relatives à un individu dans l'intention de lui nuire.

Fisha: compte collectif local (établissement scolaire, ville, département…) sur lequel on fait circuler des photos volées compromettantes.

Flaming: série de messages insultants à l'encontre d'une personne ou d'un groupe de personnes.

Happy slapping: agression violente perpétrée face caméra en vue d'une diffusion sur les réseaux.

Hate site: site internet conçu dans le but de propager, d'inciter, de promouvoir ou de justifier la haine à l'encontre de personnes ou de groupes de personnes assignées à leurs caractéristiques communes: femmes, personnes de la communauté LGBTQ+, personnes handicapées, communautés musulmanes, asiatiques, juives, d'Afrique subsaharienne, blanches, chrétiennes, militants écologistes.

Hashtag toxique: hashtag créé ou détourné en guise de cri de ralliement lors d'une campagne d'humiliation ou d'intimidation.

Ostracisme numérique: tenir volontairement une personne à l'écart d'une interaction sociale en ligne.

Outing: dénonciation de l'orientation sexuelle ou de l'identité de genre d'une personne.

Revenge porn: diffusion non consentie de tout contenu sexuellement explicite.

Sealioning: « faire l'otarie » consiste à assaillir quelqu'un de questions de manière particulièrement insistante et absurde, mais toujours sur un ton courtois. C'est une forme de cyberharcèlement qui vise particulièrement les enseignants et les chercheurs. L'objectif est d'user leur patience, leur attention et leurs efforts de pédagogie jusqu'au craquage, pour les présenter in fine comme quelqu'un d'agressif.

Sharking: variante du *happy slapping* lors de laquelle la victime n'est pas frappée, mais déshabillée brutalement. La finalité est la même : diffuser l'exploit sur les réseaux sociaux.

Shitstorm: campagne de lapidation en ligne menée par un groupe coordonné.

Slut shaming: messages visant à blâmer ou à humilier les personnes, le plus souvent des jeunes filles, dont la tenue vestimentaire, l'apparence ou les comportements réels ou supposés ne correspondent pas aux normes dont l'auteur se revendique dans ces domaines.

Snooping: viol de l'intimité numérique de quelqu'un pour collecter des informations privées ou confidentielles.

Trollage : envoi de messages au milieu d'une discussion dans le but de créer une controverse.

Upskirting : prendre des photos de l'entrejambe d'une femme à son insu en vue d'une diffusion ultérieure.

Usurpation d'identité/Falsification d'identité : utiliser l'identité de quelqu'un ou une fausse identité avec l'intention de nuire.

Le harcèlement est souvent complexe, combinant plusieurs formes au gré des envies ou de la créativité des agresseurs.

Megan Maier : *body shaming*, *doxing*, e-rumeur, *shitstorm*, *slut shaming*, usurpation d'identité.

Amanda Todd : chantage à la webcam, *cyberstalking*, *shitstorm*, *slut shaming*, *snooping*.

Maeva : *cyberstalking*, hashtag toxique, *hate site*, *shitstorm*, *slut shaming*, *snooping*.

Lovana : *body shaming*, *cyberstalking*, *doxing*, e-rumeur, *flaming*, *hate site*, *happy slapping*, hashtag toxique, *shitstorm*, *snooping*.

Celui qui a mauvaise chance

Ce matin, j'ai téléphoné à ma mère sous le prétexte de lui confirmer ma venue dans dix jours. Après quelques minutes de discussion (point météo, considérations botaniques, avancement de l'observatoire, dernières lectures), j'ai fini par cracher le morceau. J'avais besoin de parler de Lovana à quelqu'un qui prendrait le temps de m'écouter sans s'étonner de mon obsession. J'ai tout déballé : le rap bancal, les radios avides de chair fraîche, les clashes en série, la foule galvanisée, la danse immonde des harpies.

« Je ne comprends pas, ai-je conclu naïvement, comment les gens peuvent être si méchants.

– Ça veut dire quoi, méchant, exactement ? » elle a demandé, comme se parlant à elle-même.

Et c'est bien là où je voulais en venir, ce moment où ma mère trouve comme par magie un point de vue qui m'avait échappé. Je n'ai pas eu le temps d'ouvrir la bouche que ses sempiternelles galoches de bois claquaient sur les carreaux de ciment de l'entrée de notre maison.

« Attends. » Je l'ai entendue grimper lourdement dans l'escalier, une volée, deux volées, trois volées, puis un bruit feutré de moquette. On était dans son bureau, sous les toits. « Deux secondes, je te pose sur la table. » Maintenant elle feuilletait un livre. Rien qu'au son, je savais qu'elle s'était emparée d'un des volumes de son Littré chéri, acheté d'occasion avec son premier salaire de prof de français dans un lycée technique. Le tome 5, sans doute, celui avec les quatre lettres jaunes sur la couverture, *MNOP*.

« Méat… Mécanique… Méchant. Voilà… Alors, en picard, ça se disait *mécant*, en wallon *mèchant*, avec un accent grave, et dans le Berry, c'est *michant*. Donc l'étymologie, je cite : "l'ancienne forme est mescheant, avec un *s* avant le *ch* et un *e* avant le *a*, du préfixe *mes* et *cheant*, participe présent du verbe choir. Entre parenthèses : voyez Chance. Ça veut dire que la chance c'est un truc qui te tombe dessus, tiens, je n'y avais jamais pensé.

– Maman ?

– Oui, pardon, je continue. "Mescheant signifie proprement celui qui a mauvaise chance. De là vient le sens de ne valant rien, chétif, insuffisant ; un pas de plus en s'éloignant du sens primitif conduit à l'acception de contraire à la probité en parlant des choses, et d'enclin à mal faire en parlant des personnes." » Un silence. « Celui qui a mal chu maudit et méfait. »

En raccrochant, je suis soulagée. Non que cette perspective étymologique soit pleinement satisfaisante – je pense même qu'elle peut mener à une lecture réductrice : pardonnons au monstre, il n'a pas eu de bol, une enfance malheureuse, il en veut à la Terre entière, pauvret, il fallait que ça sorte… Mais elle a l'avantage insigne de nous rappeler que le mal naît de nos histoires intimes, que c'est un phénomène humain, que chacun d'entre nous a sa part de ténèbres.

Sur Caramail ou MSN

La place près du platane est libre. Nouvelle reconduction. Ça tombe bien, je commençais à tourner en boucle. Entre les heures de jour à retoucher, recadrer, révéler, et les heures de nuit passées à traquer la haine en ligne, je n'ai pas beaucoup pris l'air ces trois dernières semaines.

Ce matin, je suis partie du cabanon comme si j'étais encore à Briançon et me voici très en avance. Le marché n'est même pas totalement installé, un quintette de costauds africains finit de vider les cartons. Le bar de Selim et Eden, lui, est bondé de commerçants qui prennent un café avant de commencer leur journée. En face, le stand de bonneterie est une exception ; la marchande fait tout, sans doute n'a-t-elle pas les moyens de se payer les services d'un débardeur. C'est la petite-fille de Lucienne, celle qui vendait mes culottes préférées au même endroit. D'ailleurs, la jeune femme lui ressemble plus qu'un peu. Même coupe rasée – blond platine chez elle, blanc gris chez Lucienne –, même regard bleu dur, même mâchoire carrée. D'ailleurs, on l'appelle Lulu. Elle est grande et charpentée en revanche, pas comme sa grand-mère qui n'était pas plus haute que trois pommes. On est quasiment du même gabarit Lulu et moi, de celui des chevaux de labour. Autour, on se moque gentiment :

« Elle est pas en avance, la Lulu, on dirait. Va pas falloir la chauffer aujourd'hui.

– Tu l'as déjà vu de bonne humeur, toi ?

– Faut dire que ça va pas fort ses affaires, les pyjamas en pilou et les gaines de mémé, ça se vend plus trop. »

En l'observant, je ne peux pas m'empêcher de penser qu'elle a le bon âge, que si ça se trouve, elle a connu Lovana quand elles étaient ados. Peut-être même qu'elles étaient à l'école ensemble. Elles ont peut-être chatté sur Caramail ou MSN.

C'est un toc qui m'est venu ces derniers temps, depuis que j'ai vu le reportage de France 3 tourné sur cette même place. Je ne peux pas m'empêcher de scruter les visages de toutes les personnes d'environ trente ans que je croise là, comme si j'espérais lire un témoignage sur leurs traits. Et Lulu, elle en a pensé quoi de Lovana à l'époque ? Si j'étais courageuse, j'irais simplement lui poser la question, j'en meure d'envie. Mais il y a peu de chance que ça arrive ; quand je n'ai pas l'œil collé au viseur de mon appareil, je me sens toute nue, empotée, éléphant dans un magasin de porcelaine. Moi, je préfère les supputations à la confrontation au réel.

« Tiens, vous êtes de bonne heure ce matin. »

Selim m'apporte café et verre d'eau.

« Vous voulez le journal ?

– Non merci. »

Je lui souris. Quatorze ans et un mois qu'il me pose la même question. 169 fois que je formule la même réponse. Si j'avais pris cette table en photo à chaque fois, ça aurait pu faire une belle série annexe – *Vous voulez le journal ? Non merci. Thème et variations dans un bar-tabac*. Je sors mon dé. Pose mon sac sur le faux marbre en guise de garde-fou. Je ne me vois pas en train de plonger entre les pieds de la table voisine pour récupérer un dodécaèdre de plastique orange et vert.

Le 8.

Poudrerie.

C'est la première fois que je tombe dessus en plein été. Le parc ouvrant tous les matins pendant les grandes vacances, je serai moins tranquille que d'habitude, mais au moins je pourrai travailler à l'ombre, ce sera toujours ça de gagné par rapport au Croisement, où la plante la plus haute n'excède pas quarante centimètres.

Je déplie ma carte. C'est le moment de chercher ma voie d'accès détournée, ma randonnée d'égarement.

Avec la Poudrerie, je n'ai que l'embarras du choix. Il faut juste éviter de s'aventurer sur des propriétés privées, au risque de se retrouver nez à nez avec des molosses chatouilleux. Comme je suis en avance et que j'ai prévu de l'eau en quantité, je peux m'offrir un grand tour. Je vais commencer par longer la voie ferrée, traverser la D10, piquer au sud-ouest en direction du cimetière. J'enchaînerai les chemins communaux jusqu'à destination. Au total, environ cinq kilomètres ; j'en ai pour une heure et demie en comptant les pauses, au cas où quelque chose dans le paysage évoquerait les polluants éternels, emballages de fast-food maculés de gras, pelotes de câbles hirsutes, vieilles batteries, gravats de béton, plaques de gazon synthétique, l'inspiration ne manque pas.

Pendant que j'élabore mon itinéraire, la plupart des marchands ont rejoint leur étal. Certains sont déjà en train de servir les premiers clients. Lulu a fini son installation. Son stand est net, rangé au cordeau. En cette période estivale, c'est une explosion de couleurs primaires et de fluos. Debout devant une sélection de maillots de bain au garde-à-vous sur leur cintre, elle boit le café qu'un de ses voisins a dû lui apporter. Nos regards se croisent.

Au moment de lever le camp, je marque une pause. J'hésite encore entre la fuite et le plongeon, mais cette fois l'envie est trop forte. Arrière, lâcheté. Je me plante devant elle. J'attrape un lot de trois culottes hautes, comme celles que j'achetais autrefois à sa grand-mère.

« Vous trouvez votre taille ? Je les ai en noir si vous préférez. »

Sa voix est bien plus douce que je ne me l'imaginais.

« Non, non, c'est bien blanc. »

Mais qu'est-ce que je suis en train de faire ? Je me sens ridicule avec mes culottes de vieille à la main.

« Ça fera 12 euros. »

Je cherche un billet dans mon portefeuille, qui choisit ce moment pour répandre la moitié de son contenu sur l'étalage. Et Dieu sait qu'il y en a du bazar. La photo d'Ève me sourit au milieu des bouts de papier indéterminés. Pendant que je ramasse mon fatras à la va-vite, non sans faire tomber deux paires de chaussettes, j'entends le souffle impatient de Lulu. Ma maladresse ne l'amuse pas, elle aimerait sans doute se débarrasser du boulet qui vient ruiner l'agencement qu'elle a pris tant de temps à réaliser.

Je respire un grand coup et je me lance.

« Dites, vous n'auriez pas entendu parler d'une certaine Lovana qui habiterait dans le coin ? »

Son regard se détourne instantanément.

Elle secoue la tête, sans rien dire. Je ne peux plus reculer.

« Écoutez… Pardon de vous importuner ainsi, mais je suis, je suis journaliste… Je mène une enquête sur les victimes de harcèlement en ligne. Je suis à la recherche d'une jeune femme qui s'appelle Lovana et je crois, enfin je suis sûre, qu'elle vivait à Miramas dans les années 2010. Et… Et comme j'ai l'impression qu'elle a à peu près votre âge, je me demandais si… si par hasard vous l'aviez connue ? Peut-être au lycée ? »

Je m'entends bafouiller, je me collerais des baffes.

Lulu récupère un petit sac en papier dans un carton à ses pieds, glisse rapidement mes culottes dedans et me tend mon achat.

« Non, je ne vois pas, désolée. »

High explosive dangerous

Prologue

Le terrain sur lequel s'élève l'ancienne Poudrerie se situe au sommet de la corne supérieure de l'étang de Berre, au plus étroit. Toute la partie nord du parc appartient à Miramas, le sud à la commune de Saint-Chamas, l'éternelle rivale, moins grande, moins industrielle, bien plus riche.

Point 1 : Végétation (jeunes peupliers), grille en arrière-plan. Côté Saint-Chamas, le portail d'entrée est constitué d'un alignement serré de barreaux minces couronnés de la mention *Poudrerie de Saint-Chamas Miramas*. L'ensemble a été fabriqué en acier Corten, qui fonce au fil du temps. En 2009, il était encore roux, désormais il a la couleur du brou de noix.

ACTE I

C'est au moulin de l'Abba, deux kilomètres à l'est, que tout commence en 1670 avec la dérivation des eaux de la Touloubre et du canal de Craponne pour alimenter les moulins à blé de Saint-Chamas. Vingt ans plus tard, le droit d'usage des eaux chamasséennes est vendu à Louis XIV, qui y fait installer un premier martinet à poudre.

Point 6: Une étendue d'eau, vue en plongée à environ un mètre soixante du sol. L'emplacement se situe peu après l'entrée, à proximité de la petite branche d'un chenal qui plonge vers l'étang. Ce sont d'abord les dizaines de punaises d'eau que je remarque. Leurs longues pattes creusent d'infimes trous à la surface de l'onde, qui jouent avec la lumière vive. Quelques feuilles flottent. Dans l'angle supérieur gauche se découpe le reflet de l'EHPAD qui a ouvert ses portes en 2014 juste de l'autre côté de la grille d'entrée. Avant, il n'y avait là qu'une friche encombrée de taillis.

Au moment où j'appuie sur le déclencheur, un cri me fait tressaillir. Colère ou douleur, une longue plainte de vieillard. Puis le silence. Je reprends la photo mais je ne jette pas la première malgré son bougé. Plus tard, je me demanderai sûrement ce que fait ce raté dans mes dossiers, mais pour l'instant je veux conserver l'empreinte de cet appel.

Acte II

Quand le XIXe siècle commence, la Poudrerie royale occupe déjà plus de deux hectares, serrés entre la colline de safre qui surplombe le site et la rive de l'étang. Il y a là une dizaine d'ateliers, des magasins de stockage, une charpenterie, des logements pour les ingénieurs. La Poudrerie va croître rapidement en grignotant l'étang. On construit une deuxième ligne de bâtiments, puis une troisième. Hangars, séchoirs, grenoirs, toujours plus de poudre, pour les canons, les fusils, les mines, l'agriculture. Après la Première Guerre mondiale, nouvelle extension, cette fois-ci au nord, sur les terres de Miramas. L'usine a désormais des allures de petite ville ; elle emploie 5 000 ouvriers. Dans les archives mises en ligne par une association de passionnés d'histoire locale, j'ai trouvé une carte postale présentant une vue d'ensemble de la Poudrerie en 1916. *Chère sœur*, écrit son auteur. *J'ai repris mon travail, mais pas sans changements. J'ai fait le tonnelier pendant trois jours, à défoncer des fûts de poudre américaine.* « High explosive dangerous – Keep fire away ». *Je commençais d'être au courant et l'on m'a changé. Je suis toujours aux wagonnets* [illisible] *mais à la nouvelle usine, là le soleil darde, il n'y a pas d'arbres et l'on transpire. Si tu voyais ma chemise : elle a jauni de la poudre et rougi des fûts. C'est la vie.*

Point 18 : Une dalle carrée, d'environ quarante-cinq centimètres de côté, maintenue au sol par des restes de fers à béton filetés. La dalle est d'un beige doré très doux. Deux taches de lichen se sont développées sur la partie gauche, des *Bagliettoa cazzae*, joliment ourlés de rose, qui aiment les roches calcaires exposées au soleil du Midi. Autour de la dalle, un tapis d'herbe piqueté de fétuques sauvages.

Acte III

16 novembre 1936, l'alarme hurle à 16 h 20, et le ciel rouge et le souffle qui plaque tout au sol dans le bâtiment 104, plus une vitre intacte dans les environs et 53 corps alignés sous l'hommage national. Tessier, Wichard, Marequeste, Bonfillon…

Point 45 : Une allée forestière, perspective frontale à point de fuite unique. Avec la chaleur, les odeurs sont accentuées. L'air est chargé de parfums balsamiques. Quelques cigales cymbalisent paresseusement, pour la forme, de temps en temps. Les arbres qui s'élèvent de part et d'autre de l'allée sont tous de la même espèce, des cyprès chauves. À l'automne, c'est un flamboiement. L'hiver, ils sont entièrement dénudés, leurs branches virent au blanc et l'allée prend des airs de catacombes encombrées d'ossements grêles. Il y en a 53.

Acte IV

En 1939, 20 000 jeunes Indochinois réquisitionnés débarquent dans les ports français pour participer à l'effort de guerre de la mère patrie. 1 000 d'entre eux seront affectés à la Poudrerie et entassés dans un campement sommaire baptisé Gia Dinh, « mon foyer, ma famille », en vietnamien. La tendresse coloniale dans toute sa splendeur. Deux ans après les Indochinois, les ateliers de la Poudrerie reçoivent le renfort du 701e groupement de travailleurs étrangers de Miramas, baraqué non loin de là dans des conditions éprouvantes. Il rassemble des réfugiés espagnols et 160 juifs de la région de Marseille, dont beaucoup seront déportés à Auschwitz.

Point 57: Pris en étau dans le méandre d'une racine affleurante, un fragment de bol de faïence blanche traversée d'arabesques de cobalt. Gros plan. Le tesson était déjà là il y a quatorze ans. En fonction des saisons, il est lavé de pluie, boueux, poussiéreux, couvert de graines, peuplé de petits insectes.

Épilogue

En 1974, tout s'arrête, la modernisation de l'arsenal militaire a eu raison de l'ogre de poudre. Très vite, ses bâtiments tombent en ruine. Autour, le sauvage revient. Ce n'est plus que frôlements de salamandres dans les sansouïres, appels flûtés du haut des peupliers noirs, vrombissements de libellules grandes comme la paume d'une main. Au tournant du siècle, on décide de tout garder précieusement, les voix anciennes et les petits bruits animaux, le rose des tamaris et les murs industriels crevés, l'odeur des marais. L'usine tentaculaire devient sanctuaire.

Point 73 : Cabane d'observation des oiseaux. Vue sur l'étang, prise au téléobjectif. La surface de l'eau est comme une coulée d'argent. Deux flamants à contre-jour, postés à la lisière du rivage. Plus qu'une cabane, l'endroit est une vaste plateforme en ciment sur pilotis, coiffée d'une toiture métallique. On y accède par un grand escalier en acier zingué. C'est le seul point du parc qui permet de contempler l'étang et sa digue hirsute. Ève aurait adoré cet endroit, il déborde d'oiseaux.

Je gravis les escaliers de la cabane vers 17 heures, juste après la fermeture au public. Les gardiens m'ont octroyé deux heures supplémentaires, le temps d'attraper les derniers feux l'hiver et, à la belle saison, de suivre à loisir le lent adoucissement de la lumière. Aujourd'hui, j'ai de la chance, je saisis un couple de busards des roseaux en plein vol, côte à côte, si proches qu'ils semblaient se frôler. Puis un rollier d'Europe vient se poster face à moi et entreprend de s'épouiller avec soin, plongeant son bec massif sous son aile bleu turquoise. Il reste là longuement, à me faire face, avant de s'envoler.

Miskina, la pauvre

Cela fait six jours que le thermomètre ne décroche pas de la zone des 40 °C et deux nuits que je dors à la belle étoile dans ma cour pour échapper à la touffeur de la soupente. J'ai bien mérité une pause fraîcheur avant de plonger dans le marathon nocturne du tri de photos. J'ai tout prévu ce matin en partant pour la Poudrerie, le maillot sous le short et une serviette dans le sac. La plage n'est qu'à neuf minutes à pied du parc. En sortant par le portail principal, il suffit de prendre la rue Auguste-Fabre puis la rue Marcel-Bœuf jusqu'au petit port du Pertuis. Ce coin de village est une succession de venelles toutes droites bordées de maisons de pêcheurs. Les voies sont étroites mais ça n'empêche pas les habitants de laisser tables en métal et chaises de camping dehors toute l'année, au mépris des voitures qui auraient le malheur de s'aventurer dans les parages.

Il est 19 heures, c'est l'heure de l'apéro. Pas la peine d'aller toquer à la porte d'entrée du vieux gardien du parc, il est déjà attablé avec son poste de radio qui brame à pleine puissance. Je lui confie mon matériel photo, comme à chaque fois que je vais prendre un bain aux Cabassons, et lui promets de revenir trinquer d'ici une demi-heure.

La journée, c'est bondé, mais en ce début de soirée les familles sont déjà reparties. Le parking fraîchement rénové sera bientôt vide. Je n'ai pas besoin d'avancer beaucoup pour trouver un coin qui me plaît. Personne autour, l'étang rien qu'à moi. L'eau n'est pas d'une grande transparence après toute une journée de crème solaire et elle est encore tiède, mais ça fait du bien.

Quand j'ai découvert le coin et que j'ai plongé pour la première fois, j'ai été surprise de trouver l'eau salée. Personne ne m'avait dit que Berre est une lagune. Bientôt, peut-être, ce ne sera plus le cas. À quatre kilomètres de la plage, une usine hydroélectrique EDF déverse chaque année près de un milliard de mètres cubes d'eau douce et de limons dans l'étang. Ses habitants meurent étouffés à petit feu. Adieu, palourdes et hippocampes.

« Bonsoir madame table 4 ! »

Il me faut quelques secondes pour le reconnaître. Il suffit que les visages changent de cadre pour que j'ai du mal à mettre un nom dessus.

« Bonsoir, Eden ! »

Il porte une glacière dans chaque main. Dans son sillage, ses deux petits garçons, dont seul le haut de la tête dépasse d'un amoncellement de matelas et de jeux de plage. Ils sont venus pique-niquer, c'est une tradition familiale, au moins une fois par semaine pendant les grandes vacances. En un clin d'œil, les enfants sont dans l'eau. Ils poussent de petits cris de joie comme si elle était froide.

Eden commence à installer son campement à quelques mètres de moi. Je me lève pour l'aider.

Je cale les serviettes avec des cailloux. Ils sont en safre, comme tout ici. Je ne sais pas trop quoi dire. C'est lui qui se lance.

« Je peux vous demander ce que vous faites à Miramas ? Ça fait des années que j'ai envie de vous poser la question, mais je n'ai jamais osé. »

Loin de son lieu de travail, Eden n'a pas besoin de se faire entendre dans le brouhaha, il parle d'une voix douce. Je lui explique rapidement mon métier, ça semble beaucoup l'intéresser. Petit, il voulait être archéologue, me confie-t-il, pour découvrir ce qui se cache dans le passé.

« J'aurais voulu faire des études, mais la fac est à Marseille, faut prendre le train. Puis mon père avait besoin de moi. »

Il connaît toutes mes stations, sauf le Croisement bien sûr, parce que c'est un nom que j'ai inventé de toutes pièces. Je lui explique où se trouve précisément la friche avec son grand mur en plein milieu. Son sourire s'élargit, il voit de quoi je parle.

« Par ici, on l'appelle le mur des lamentations. Tous les énervés de Miramas s'y donnent rendez-vous. Et ça fait beaucoup de monde ! »

Minot, il y allait aussi, même si ce n'était pas vraiment son truc le tag, ni les tirs au lance-pierre sur les cannettes.

« Mais il fallait bien suivre le mouvement et se couler dans le moule si on ne voulait pas se faire victimiser. »

Un frisson me parcourt l'échine. Je m'entends bredouiller.

« En parlant de victimiser, ça vous dit quelque chose Lovana ? Une fille de Miramas, un peu plus vieille que vous, mais guère. J'ai vu son nom sur ce mur, deux fois. »

Il hoche la tête lentement.

« Miskina, la pauvre. Quand tu es du coin et que tu as mon âge, tu ne peux pas ne pas la connaître, au moins de nom. C'est triste ce qui lui est arrivé. Les gens, vraiment… »

Eden s'assied sur la serviette que nous venons d'étendre et balaie l'étang du regard. Sur notre droite, les garçons s'éclaboussent à pleines brassées en hurlant de rire, trop pris par leurs jeux pour remarquer le salut de la main que leur adresse leur père.

« Ça me fait drôle que vous me parliez de ça. J'ai l'impression que cette histoire ne va jamais s'effacer, que même mes fils en entendront parler quand ils seront plus grands. Lovana, c'est une célébrité locale. Sauf qu'il n'y a pas de quoi être fiers.

– Vous en pensiez quoi, à l'époque ?

– J'ai un peu honte mais elle m'a fait marrer moi aussi. Enfin, au début. Je m'en souviens encore. Il chantonne. *Si j'aurais su comment c'est j'me serai pris un camion.* On en parlait avec les potes, c'était un truc entre nous. On était fiers de glisser des petites allusions, d'avoir la réf, quoi. »

Eden m'invite à m'asseoir.

« Après, ça a dérapé. Je n'ai jamais compris pourquoi d'un seul coup ça a pris cette ampleur. Ce que certains ont pu écrire, c'est horrible. Elle n'avait pas mérité qu'on la martyrise. Elle n'avait même rien mérité du tout, d'ailleurs. Juste une gamine qui voulait faire son truc.

– Vous la connaissiez personnellement ?

– Pas vraiment, mais sa sœur était dans mon collège et sa mère venait souvent au marché. Ça a dû être dur pour elles aussi. Personne n'est préparé à se prendre le ciel sur la gueule comme ça, à voir sa famille exposée aux quatre vents. On ne savait pas ce que c'était, le harcèlement en ligne. Maintenant, il suffit d'allumer la télé deux secondes pour en entendre parler.

– Et personne n'a été solidaire avec elle ?

– Peut-être qu'il y en a eu qui ont osé prendre son parti mais ça devait pas faire beaucoup. Quand on a quinze ou dix-huit ans, c'est plus valorisant d'être du côté des seigneurs que des boloss. Moi, je n'ai jamais rien écrit de débile sur internet, mais je n'ai pas cherché à faire taire les grandes bouches pour autant. Je pense qu'on était nombreux comme ça. Pas vraiment d'accord mais pas suffisamment choqués pour prendre sa défense. Je trouve ça minable, aujourd'hui. On ne va pas refaire l'histoire. Au moins, il n'y a pas mon nom associé à ces horreurs quelque part dans les zones obscures du web. Mais j'ai connu des mecs qui ont vraiment été très loin, et des meufs également. Il y a eu un reportage à la télé sur elle à l'époque, ça c'était fait sur le marché, j'étais là. Les gars du coin, ils étaient tout fiers qu'on ait parlé de ça aux infos, ça les a déchaînés. Certains ont commencé à la suivre dans la rue et tout, à téléphoner chez elle au beau milieu de la nuit. C'est comme s'ils voulaient prouver qu'ici aussi on sait faire les choses en grand, qu'on ne se contente pas de deux, trois insultes en ligne. »

Dans ma tête, un claquement d'ailes.

« J'ai vu une vidéo affreuse, celle avec ses copines du lycée qui la bousculent en poussant des cris de bête. Depuis, je n'arrête pas d'y penser. C'était d'une violence inouïe. »

Eden me regarde attentivement comme s'il cherchait à lire dans mes pensées.

« Je ne l'ai pas oubliée, celle-ci, moi non plus. Les filles se sont grillées toutes seules. Elles ont eu beau se cacher le visage, je suis sûre qu'en ville, tout le monde les a reconnues. D'ailleurs, il y en a une que je vois tous les jours de marché… Je n'aimerais pas être à sa place, je ne dormirais pas tranquille.

Lulu ? Oui, Lulu. Eden n'a pas l'air surpris de ma question. Comme si c'était évident, comme si tout le monde savait. Et soudain, moi aussi je la reconnais sous son écharpe, c'est la plus grande des harpies, celle qui paraît hésiter, qui semble à deux doigts d'arrêter le carnage mais qui finalement rentre dans la ronde hululante. Un long frisson me parcourt le dos, de dégoût ou de pitié.

« Papa, tu joues avec nous ? »

Un petit bonhomme se tient face à nous, dégoulinant et essoufflé, les pieds bien campés dans le sable, un ballon sous le bras.

Eden se lève d'un bond. Fin des confidences. Avant d'entrer dans l'eau, il se retourne.

« Vous me montrerez vos photos, un jour ? »

Fée Clochette

La nuit est belle, la Voie lactée en majesté. Les grillons s'en donnent à cœur joie et un crapaud leur répond depuis le bord du canal. La température a un peu baissé après avoir tutoyé les sommets dans la journée. Le jasmin du voisin embaume. Tssee est assis à côté de moi, et donne de temps en temps de petits coups de tête aguicheurs. Le monde est en paix et moi je pars en guerre. Je veux savoir ce que ça fait d'être du côté de la force, essayer par moi-même.

D'abord un faux compte. Je serai Titaniark, en hommage discret à TitaniumGrip, user#42 devant l'éternel. Comme image de profil, je choisis une fée Clochette, parce que j'ai remarqué que bon nombre de vengeurs masqués se cachaient sous des atours enfantins. Puis je cherche un terrain d'entraînement. Je jette rapidement mon dévolu sur un groupe de discussion Facebook dédié à une ancienne participante d'une émission de télé-crochet. Il s'appelle *neurchi des petits cœurs en sucre* et c'est un *hate site* de la plus pure eau ; il sert de défouloir à 3 600 personnes qui rivalisent de créativité. *Body shaming*, *doxing*, e-rumeur, hashtag toxique, *slut shaming*. Mais pas n'importe comment, nous sommes entre vipères civilisées, il y a des règles. Tous les membres de cette société secrète font bien attention à ne pas prêter le flanc aux accusations de cyberharcèlement.

Ne pas insulter X ni en DM ni sur ses réseaux.

Argumentez intelligemment si vous voulez, mais toute personne insultante qui rendra le groupe coupable d'agression sera ban.

Censure tes mots, sinon c'est mute. Par exemple : gr0s, m€rde, daybbile…

Il faut répondre à une poignée de questions pour avoir l'honneur de rejoindre le club. Je réussis l'examen, mais rien qu'à lire la prose, je me sens nauséeuse. Plus c'est laid, mieux c'est. L'ambiance est à la grasse camaraderie virile, on se félicite pour ses talents de bretteur et pour l'audace des montages photo. Celle du visage de la jeune femme détourée à la serpe et greffée sur le corps d'une baleine flottant dans un océan de beurre ? Bravo, trop fort. De gracieux jeux de mots sur le saindoux ou sur l'abondance de « suifs » ? Grossophobie + antisémitisme, compte double, si cool. Mais toujours, prends garde, l'ami, à rester dans les limites de la légalité, sinon celle dont on ne doit pas prononcer le nom pourrait *porte et plinthe.*

Je ne me sens pas d'ajouter ma propre contribution sur le groupe, je ne suis pas armée pour. Je vais me contenter de rejoindre le chœur des commentateurs, l'armée des ombres puantes. Qu'est-ce que je pourrais bien dire de cet odieux hybride mi-femme mi-baleine ? Je tape *Cétacé ! La dame va mal le prendre.*

À cette heure nocturne, il y a du monde. Les loups-garous du net sont de sortie. Après quelques minutes, quelqu'un renchérit, *T'es trop gentil, ça lui fait le dos fin.* J'essaie d'en rajouter : *Ça lui ferait pas de mal à la grosse.* Une tristesse infinie m'envahit. Quelques secondes plus tard, une émoticône courroucée brandit un carton jaune à mon encontre. « Grosse » est interdit, rappel à l'ordre. Vite, j'efface mes deux horribles commentaires. Soulagement instantané. Je viens de rater mon entrée dans la grande communauté des harceleurs. Je remonte le fil des contributions jusqu'à la source, vieille d'il y a trois ans. Des centaines de flèches toxiques décochées dans le silence assourdissant de Facebook, parfois plus d'une dizaine par jour.

Je veux en savoir plus sur mes comparses de ce soir. L'homme à la baleine ? Vrai nom, vraie photo de profil, trente ans et quelques, deux enfants qui grandissent dans une jolie maison ancienne.

Celui au dos fin : la trentaine également, le Grinch en photo de profil, archétype de *l'incel*: masculiniste, libertarien, conspirationniste et persuadé d'être un génie incompris.

Il y a aussi des retraités, de très jeunes gens à l'orthographe incertaine qui ont bien du mal à respecter les codes de la haine courtoise, un membre des forces de l'ordre belges, des barbus en Fred Perry brandissant fleur de lys et drapeau français, un passionné de chasse à courre, un militant écologiste, une femme qui s'occupe de chiens et de chats maltraités, une mamie dévouée, un fleuriste et plusieurs profils figurant de jeunes naïades peu vêtues derrière lesquels se cachent des hommes bouffis de frustration. Les plus acharnés passent faire coucou régulièrement, d'autres n'ont qu'une seule contribution à leur actif. Il y a aussi toute la masse des silencieux qui viennent ici comme au spectacle. *Panem et circenses.*

Je pourrais continuer à dresser des listes d'assaillants pendant des heures, mais je réalise soudain que ça ne mène à rien, si ce n'est au vertige. Je ne peux pas me contenter de regarder la surface des choses, je dois traverser le miroir.

Dans la meute

J'ai rencontré Arthur en première. Deux solitaires ; il était tout ouïe, je n'étais que regard, ça nous a rapprochés. Lui est devenu psychiatre, moi photographe, les choses sont bien faites. Bon an, mal an, nous avons réussi à garder le contact. Il m'envoie de temps en temps des photos bizarroïdes trouvées en brocante et je partage avec lui mes playlists en forme de cabinet de curiosités.

Ce matin, je lui ai écrit un SMS pour lui demander son aide. Je lui ai simplement dit que « je travaillais sur le cyberharcèlement » et que j'avais besoin qu'un psy m'explique les rouages du passage à l'acte. Il m'a répondu dans la journée. On s'est donné rendez-vous pour un apéro en visio.

Il n'a pas vraiment changé, son visage est un peu plus carré et ses cheveux sont moins frisés qu'avant, mais pour le reste, il dégage toujours la même impression de calme. Avec sa femme, il vient d'acheter une petite longère qu'il retape le week-end, leur Joséphine a bientôt onze ans, déjà presque une ado. Depuis l'an dernier, en plus de son cabinet en ville, il est aussi expert psychiatre auprès des tribunaux. La violence en ligne, c'est un domaine qu'il fréquente de plus en plus, côté victimes, mais aussi côté bourreaux. Il a été amené récemment à expertiser un couple de cadres jusque-là sans histoires qui, courant 2021, toutes les nuits pendant plusieurs mois, a déchaîné un torrent de commentaires haineux visant des médecins, des sénateurs et des députés zélotes de la « dictature sanitaire ». Ils ont indiqué avoir agi par désespoir, peur, sentiment d'impuissance, ils n'ont jamais considéré leurs actes comme violents.

Le harcèlement, m'explique d'abord Arthur, n'est pas le propre de l'homme. C'est un comportement qu'on a identifié chez de nombreux animaux, en particulier lorsqu'ils sont adolescents. Souvent, il est dû à un « effet de bizarrerie » qui conduit un groupe de jeunes individus à repousser les différences, que ce soit dans l'apparence ou dans le comportement. Un bébé manchot non conforme aura toutes les chances de se faire déchirer à coups de becs. Les éthologues pensent que c'est une attitude de survie, destinée à renforcer la cohésion du groupe et à le rendre moins visible aux yeux des prédateurs. Chez nous, on peut en retrouver des traces dans les phénomènes de harcèlement scolaire où le souffre-douleur est souvent vu par les autres comme porteur d'une « tare ». Sauf que là, il ne s'agit pas d'éviter à une bande de gamins de se faire bouffer par les plus grands mais plutôt de préserver un statut.

« Tu as dit souffre-douleur, c'est lourd comme mot en fait, ça ne m'avait jamais frappé. Ça désigne celui qui est chargé d'encaisser les coups à la place de la collectivité, ou qui lui permet de se sentir plus forte en le rabaissant ?

– Oui, et ça renvoie aussi à l'idée du bouc émissaire que les Hébreux de la Bible sacrifiaient pour expier leurs péchés. Tu veux que je te raconte une autre belle histoire ? En temps de crise, lorsqu'ils sentaient le souffle noir des calamités aux abords de la contrée, les Athéniens de l'Antiquité se livraient à un rituel qui consistait à attraper deux hommes de basse condition, à les grimer et à les promener dans la foule pour qu'ils se fassent molester par les braves citoyens. Ensuite, ils étaient chassés hors des murs de la cité, emportant avec eux les maladies et les guerres. Et tu sais comment ça s'appelait ?

– Vas-y…

– Le *pharmakos* ! Ça veut dire à la fois remède et poison. J'y pense à chaque fois que j'entends parler de comportements toxiques. »

Lovana, fardée de pourpre vineux, bastonnée à grands coups de branches de figuier et de hampes de scille maritime, errant dans la plaine de Crau… De quel fléau est-elle le *pharmakos* ?

« Ça, c'est la dimension symbolique, mais il doit bien y avoir d'autres rouages dans la mécanique du harcèlement, non ?

– Heureusement, sinon je n'aurais pas beaucoup de travail… D'abord, il faut bien comprendre qu'il n'y a pas un profil type de harceleurs. On rencontre des personnalités et des motivations très variées. Cela dit, on peut cerner plusieurs grandes familles. D'abord il y a ceux qui veulent gagner quelque chose, que ce soit du pouvoir ou du plaisir. Eux, ce sont des harceleurs stratégiques, ils savent pertinemment ce qu'ils font. Les trolls appartiennent à cette catégorie. Leur kiff, c'est la tourmente, ils aiment perturber les conversations, pousser les gens à bout, semer le doute et la discorde. Exploiter les sentiments, tromper, manipuler. Il n'y a pas nécessairement de haine sous-jacente à leurs comportements, c'est plutôt la quête d'une jouissance qui les anime. Les *haters*, c'est autre chose. Eux ont une cible, ils veulent l'abattre, considérant qu'elle n'est pas digne de respirer le même air qu'eux. Malgré des agendas différents, *haters* et trolls présentent souvent des traits de personnalité communs, à savoir le narcissisme, le machiavélisme et le psychopathisme, ce que nous appelons entre nous la triade sombre.

– Des supervilains, comme chez Marvel !

– Exactement. On trouve souvent ce type d'individus à l'origine des grands raids numériques. Ils sont doués pour galvaniser les foules. Mais attention, ça ne veut pas dire que ce sont des êtres sans cœur. Ils peuvent parfaitement être capables d'empathie dans d'autres circonstances. Seulement, ils parviennent à débrancher cette compétence face à leurs victimes via un mécanisme de désengagement moral qui leur permet d'accomplir des choses horribles sans ressentir la moindre culpabilité, en gardant bonne conscience. J'en ai vu littéralement s'effondrer quand ils ont réalisé le mal qu'ils avaient causé.

– Et les autres ?

– À l'autre bout de la chaîne, tu as ceux qui ne veulent surtout pas perdre. Ce sont des personnes qui se sentent menacées, si elles n'ont pas déjà été elles-mêmes maltraitées. Elles ont peur, ce qui les rend redoutables. C'est un schéma qu'on retrouve beaucoup dans les cours d'école, où les victimes deviennent bourreaux afin de détourner l'attention de ceux qui pourraient s'en prendre à eux. En fait, c'est sensiblement le même principe que le bouc émissaire, l'autre se voit chargé de nos péchés et c'est lui qui se prend les foudres des dieux à notre place. On déteste en lui ce qui fait qu'on pourrait nous détester. Et puis, en changeant de statut, les harcelés devenus harceleurs espèrent se rendre acceptables et accéder à la protection du groupe.

– Et j'imagine qu'au milieu, entre ceux qui veulent gagner et ceux qui ne veulent pas perdre, tu as les suiveurs…

– C'est même le gros de la troupe. Moi, je les appelle les conformistes. Le principal moteur de leur adhésion rejoint ce que je disais sur les manchots. En agressant ceux qu'ils perçoivent comme différents, ils contribuent à garder leur clan en conformité avec la norme sociale. Il suffit de l'impulsion d'un meneur pour lancer la machine à discriminer. Le chef désigne le pauvre hère qui présente, à ses yeux, un danger ou un ridicule pour la communauté et les autres le suivent. D'abord c'est une poignée de gens, puis d'autres personnes s'agrègent, attirées par l'effet de groupe. C'est puissant, l'effet de groupe, surtout dans notre société individualiste. Il n'y a plus beaucoup d'endroits où on peut communier ; quand ça se présente, on saute sur l'occasion. On sacrifie volontiers sa conscience pour le plaisir de se sentir affilié à quelque chose qui nous dépasse. À partir d'une certaine masse de participants, le mécanisme d'émulation s'enclenche. Les agresseurs se tirent la bourre pour être celui qui portera l'estocade, on s'encourage à aller toujours plus loin. Ça relance l'intérêt en permanence et ça fait durer le harcèlement.

– À ton avis, ça se déroule de la même façon sur internet et dans la vraie vie ?

– Ce sont exactement les mêmes mécanismes mais sur le net c'est beaucoup plus facile, tu t'engages moins, tu t'exposes moins. En fait, tu ne t'exposes même pas du tout et c'est ça qui est si séduisant. Personne ne sait réellement qui tu es. Tu es invisible, inattaquable, inarrêtable. Libre de participer aux échanges quand tu veux.

– Tu es tout seul dans le cocon de ta chambre, avec ton clavier, ton écran, ta lampe de bureau, et tu peux être à la fois le centre du monde et le membre d'un tout.

– C'est ça ! Et l'autre, celui sur qui tu t'acharnes, n'est qu'une idée lointaine. Tu ne sais pas ce que tu lui fais. Tu pourras toujours dire "je ne savais pas que ça le rendait triste" puisque tu n'étais pas là pour constater l'impact de tes mots. Tu peux le laminer vu qu'il n'existe pas réellement.

– Je suis persuadée, en plus, que le harcèlement est entretenu par les algorithmes qui nous abreuvent à grandes lampées de ce que nous avons déjà bu. Plus nous interagissons avec un contenu, plus on nous le ressert. Si bien qu'au bout du compte, nous pouvons nous persuader que tout le monde pense comme nous puisque nos propres opinions ont pris toute la place dans nos *feeds*. Plus nous avons l'impression d'être libres de nos idées, plus nous sommes enfermés dans nos convictions.

– C'est fantastique, internet.

– J'ai une dernière question : pourquoi si peu de gens interviennent pour faire cesser le massacre ? Nous ne sommes pas tous imperméables au malheur, si ?

– Tu as déjà entendu parler de Kitty Genovese ?

– Pas que je sache.

– C'était une barmaid de Brooklyn qui a été violée, poignardée et laissée à l'agonie à quelques mètres de l'immeuble où elle vivait. Elle est morte sous les yeux de plusieurs témoins qui n'ont absolument rien fait, ni pour lui porter les premiers soins ni pour prévenir les secours. Des chercheurs ont voulu essayer de comprendre cette inaction collective. Ils se sont rendu compte que le nombre d'individus présents dans le théâtre d'une action est inversement proportionnel à la probabilité d'une intervention. Imagine que quelqu'un fasse une crise d'épilepsie sous tes yeux. Si tu es toute seule sur les lieux, tu auras plus tendance à agir que si tu étais avec deux amis. Plus le nombre de personnes en présence augmente, moins elles sont enclines à intervenir. C'est comme si notre sens de la responsabilité était soluble dans le groupe. Alors, forcément, quand il s'agit d'une foule virtuelle, il n'y a pas grand monde pour s'interposer.

Après avoir dit au revoir à Arthur, je vais fouiller dans ma playlist de raretés folk. Je viens de réaliser que je lui ai dit n'importe quoi, j'ai déjà entendu parler de Kitty Genovese. C'était dans une chanson de Phil Ochs, intitulée *Outside of a Small Circle of Friends.*

Oh, Look outside a window, there's a woman being grabbed,

They've dragged her to the bushes and now she's being stabbed.

Maybe we should call the cops and try to stop the pain,

But Monopoly is so much fun, I'd hate to blow the game.

Rythme sautillant, piano *honky tonk*[1].

1. Phil Ochs, « Outside of a Small Circle of Friends », *Pleasures of Harbor* © A&M Records, 1967.

Maison hantée

Oga a failli me faire rater mon train. Au réveil, elle était introuvable. Pas dans le cabanon, pas dans la cour. Je l'ai appelée, j'ai agité la gamelle pleine de croquettes, rien. J'ai fini par repérer des empreintes de coussinets dans la boue du canal vidé. En suivant ses traces, je l'ai trouvée à cent mètres de mon terrain, tapie sur un lit de cailloux, fascinée par un couple de grenouilles en pleins ébats. Maintenant, ma caisse de transport parfume le wagon d'une odeur douceâtre de vase et de chat humide. Je n'ai pas eu le temps de la doucher. Ni l'envie de me faire labourer les bras à dix minutes de partir.

Dans sept heures environ, je serai chez mes parents pour quinze jours de retour aux sources. Comme à chaque fois, ils m'attendront à la gare, côte à côte. Je les trouverai vieillis, je le sais d'avance, j'ai la même impression tous les ans. Quand je les enlace, j'ai peur de sentir leurs os plus près de mes paumes et je redoute le jour où mon père peinera à soulever mon sac à dos. Moi aussi je change. Cette année, je vais leur arriver remuée, vulnérable comme jamais, la carapace en miettes.

À cette heure, pas grand monde dans le TER pour Marseille. Une toute jeune femme calée dans un coin, son bébé sur les genoux, un cabas gonflé sur le siège voisin. Elle va peut-être à la plage à l'Estaque, il y a quelque chose dans son sourire de la joie qu'elle voudrait que son petit ressente, tu vas voir le sable doux, et les vagues qui te soulèvent. Loin dans mon dos, la voix d'un adolescent ; il essaie de planifier sa journée avec ses amis et ça a l'air compliqué. Deux rangs devant, la nuque plissée tavelée d'un pépé. Je me tasse contre la vitre, le sac à dos posé sur le siège à côté de moi. Je prends beaucoup de place mais tant pis, le wagon est presque vide et je préfère rester seule.

Les immeubles du centre-ville cèdent la place à des maisons, puis celles-ci s'espacent et la végétation se fait plus dense. Voilà la haie de bambou, juste après le premier virage. Ma bicoque est juste derrière, j'en distingue la toiture. J'espère que j'ai bien tout verrouillé ; j'ai toute ma vie à l'intérieur. Je suis juste partie avec mon ordinateur et mon Nikon, celui que mes parents m'ont offert pour mes seize ans. Il fonctionne toujours sans anicroche.

La côte sauvage, l'étang, Saint-Chamas, au loin la Poudrerie. À bientôt. Je me dissous dans le paysage qui défile. Rognac, Vitrolles, Aéroport de Marseille-Provence, le Pas-des-Lanciers. Les rochers, les aloès, les plantes de garrigue, le blanc aveuglant des saignées de calcaire, les frondes des buddleias qui poussent sur les voies, les terrasses encore fraîches des bistrots de gare, les grues immenses qui s'emparent du ciel, les fumerolles des usines au loin, les wagons abandonnés. Le regard de ceux qui attendent sur les quais. L'épaule d'une nymphe endormie sur un banc, robe fleurie, sandales fauves.

La jeune femme et son enfant descendent à l'Estaque, j'avais deviné juste. La nuque du pépé ne bouge pas. Il n'a pas un regard pour la mer splendide qui se déploie sur sa gauche. Marseille Saint-Charles. Changement de train, direction Paris, puis la Beauce si fertile, ça me changera de la Crau.

En théorie, lorsqu'on est adulte, les lieux de notre enfance nous paraissent rapetissés. Ça ne me fait pas ça avec notre maison. J'ai beau avoir quarante ans, elle me semble toujours aussi vaste. On la voit de loin dans la ville. À l'époque, quand on me demandait où j'habitais et que je décrivais le bâtiment, on s'étonnait. La maison hantée ? Celle-là, précisément.

Immense, mais pas bourgeoise. Rien d'une demeure de maître, davantage un gros pavillon de banlieue auquel on aurait greffé des excroissances variées au fil des générations, un bout en meulière, un moignon d'aile en crépi, une terrasse couverte de fibrociment dans les années 1950. Le clou du spectacle, la verrière bleue au sommet, l'antre de l'aïeul photographe, miraculeusement préservée, pas un carreau de cassé en cent cinquante ans. Heureusement, car les miens n'auraient jamais eu les moyens de le remplacer, allez trouver des fabricants de vitres bleues de nos jours.

Oga sort de la caisse comme un diable de sa boîte et file à l'étage sans demander son reste. Tssee émerge lentement, avise les mollets de ma mère et se frotte sur ses galoches en bois. La cuisine embaume le cake à l'amande, l'unique gâteau du répertoire culinaire de mon père, qu'il tient à m'offrir chaque fois que je viens. Je n'ai pas le cœur de lui dire que je le trouve trop sucré.

« Tu as vu comme il fait chaud ? Dans la véranda, c'est intenable. Si ça continue, on isolera le toit. Et chez toi, tu ne souffres pas trop ? Remarque, avec l'altitude, il doit faire plus frais. »

Je ne leur précise pas que je ne suis pas rentrée à Briançon depuis plus d'un mois. J'ai bien parlé de Lovana à ma mère, mais je ne me vois pas leur expliquer que cette histoire m'accapare au point de vouloir rester le plus possible dans l'œil du cyclone.

Le programme des jours à venir, je le connais : randonnées dans la vallée, appareil en bandoulière, parties de pêche au canal, un film au cinéma du centre-ville, apéros jusqu'au bout de la nuit dans le jardin. Scruter les étoiles. Le 28 août sera un jour comme un autre, mais on évitera de se regarder dans les yeux de peur d'y trouver Ève.

Ils ont laissé les volets de ma chambre fermés pour éviter de laisser entrer la chaleur mais ça n'a pas suffi. Il doit faire 35° dans la pièce. Oga est planquée sous la couette, je me demande comment elle résiste là-dessous. L'endroit est resté exactement tel que je l'ai quitté il y a vingt-deux ans. C'est la seule pièce blanche de la maison, toutes les autres ont subi les assauts décoratifs de mon père, qui passe son temps dans les magazines à chercher les combinaisons de couleurs les plus délirantes. En ce moment, il a sa période terracotta, vert céladon et violet d'évêque. Maman s'en moque, tant qu'il ne touche pas à ses bibliothèques, aux tableaux et aux photos encadrées qui tapissent la plupart des murs.

Mon lit est en plein milieu, mon bureau près de la fenêtre de gauche, un canapé, ma chaîne hifi dans un coin, quatre rangées d'étagères désormais dépeuplées, une armoire et une commode. Au sol, on devine encore la trace de la cloison que mes parents ont fait sauter après la mort de ma sœur.

Nos deux chambres étaient en enfilade, la mienne en premier, la sienne ensuite. Ils n'ont pas voulu la laisser vide.

La réponse est là

Nous y sommes presque, il ne nous reste plus qu'à nous enfoncer dans les fourrés, en faisant attention aux ronces avides. C'est tout droit. Quand j'étais jeune, il n'y avait qu'à suivre la piste de cannettes et de tessons de bouteille. Maintenant, c'est plus propre, le monstre a perdu de sa magie. Mes parents ont tenu à aller lui rendre une dernière visite. Ce sera la dernière fois, m'ont-ils dit. L'antique sanatorium est déjà barricadé et la mairie se prépare à le faire réhabiliter de fond en comble. D'ici à deux ans, il sera transformé en centre de congrès, en résidence de standing ou en tiers-lieu.

Le voilà. Il est encore plus fatigué que dans mon souvenir. Les fenêtres ont été à moitié murées pour éviter les intrusions. Partout, le crépi se détache à grandes squames. Notre passage secret, lui, est toujours là, à l'extrémité ouest du bâtiment, dissimulé par un enrochement. C'est un trou qui donne sur une petite salle au sous-sol.

Avec sa carrure d'enfant, mon père s'y glisse sans difficulté. Pour ma mère et moi, c'est plus difficile, mais nous y parvenons tout de même. Le plan carrelé se trouve juste à l'aplomb de l'ouverture, pas besoin de sauter. Je n'ai pas la moindre idée de son utilité. Quand j'étais adolescente, mon père prenait un malin plaisir à m'expliquer que c'était là qu'on préparait les morts avant la mise en bière, sans doute pour renforcer le caractère lugubre du lieu et le frisson de l'interdit. Son stratagème fonctionnait bien, je ne me suis jamais aventurée dans les parages toute seule.

Un galop de rats nous accueille. Nous sortons dans le couloir, la Maglite tendue vers l'obscurité. Tout au bout, un escalier intact mène au rez-de-chaussée, puis au premier étage nimbé d'une lumière gris sale. C'est là que se trouvent les vestiges les plus fantastiquement fantomatiques du vieux sanatorium, qu'on explorait de fond en comble à chaque visite. Les salles de classe aux pupitres scellés dans le sol, les restes de machines perclus de rouille, les murs ornés de petits lapins aux yeux trop grands. Il y avait un endroit, cependant, où on ne pénétrait jamais, une ancienne salle de radiologie aux murs blindés. On ne faisait qu'y jeter un coup d'œil sans s'arrêter. Trop dangereux, disait mon père, il reste sans doute des radiations dans l'air. Je n'insistais pas.

Mais aujourd'hui nous entrons. À la lumière de la torche, je découvre des murs peints, grattés, tagués, scarifiés. Des générations d'amoureux de ruines sont passées par là. Pourquoi donc n'avais-je pas le droit de franchir la porte ?

La réponse est là. Ma mère guide ma main vers le cœur traversé d'une flèche et ces trois lettres et cette date. *Ève, 28-08-1989.*

« Je ne comprends pas. C'est vous qui avez écrit ça ? »

Mon père secoue la tête.

« Non. Je l'ai découvert par hasard, plusieurs mois après, un jour que j'étais venu chercher de la solitude. Nous n'avons jamais su qui avait gravé ça là, un petit ami, ou simplement ses copines. Mais ça nous a fait du bien de savoir que quelqu'un pensait à elle.

– Alors… (je sens ma voix trembler.) Alors pourquoi vous ne me l'avez jamais montré ?

– Au début tu étais si petite… On voulait te protéger, on a essayé de ne pas t'envahir avec notre tristesse. Et par la suite, tu n'as plus jamais vraiment reparlé de ta sœur, alors on a continué à se taire… »

Mon père s'arrête. Il a vu mes yeux s'emplir de larmes. Il pose sa main sur ma joue et reprend doucement la parole.

« Le temps a passé et ce n'était jamais le bon moment. On avait tellement peur de te faire du mal. Mais dans quelques mois, le bâtiment va être détruit, et le cœur avec. Nous avons pensé qu'il fallait que tu le voies au moins une fois. »

Je ne suis pas sûre de ce que je ressens, de la tristesse, de la tendresse, ou plutôt le goût amer des occasions manquées et du poison des bonnes intentions. Tout ce temps passé à côté de quelque chose qui aurait pu m'apaiser, tout ce temps perdu à se taire, chacun dans sa bulle désolée.

Je touche le cœur du bout des doigts et nous repartons. Je m'extirpe du trou la première. C'est moi désormais la plus grande, la plus agile aussi. Puis j'aide mes parents à sortir. Dehors, il fait un peu plus frais, j'ai l'impression qu'on respire mieux.

Fan-club

J'ai ouvert les volets pour laisser entrer l'air nocturne. Ici, il n'y a pas de grillons, ils me manquent. Mon vieux bureau est nu, à l'exception de ma lampe de lycéenne et de la toute première photo que j'ai prise de ma vie, que j'ai collée sur le bois avant de partir. Ses couleurs ont passé, mais on devine toujours ma chambre telle qu'elle était en 1999. Je me souviens de mon émerveillement le soir où mon père m'a tendu la pochette contenant mes clichés. Ce fut soudain comme si j'étais transportée dans un autre univers où les objets familiers ne m'appartenaient plus. Les ondulations du couvre-lit, ce livre abandonné ouvert qui ressemblait soudain à un toit de tuiles émergeant d'un champ de blés mûrs, les nuages moutonnant sur le bleu flamboyant de la fin d'après-midi. Un décor familier transfiguré pour l'éternité.

Ce soir, ce n'est pas la photographe qui allume son ordinateur, mais la gardienne d'Anf Vroin. Depuis ma conversation avec Arthur, je n'ai pas rouvert mes dossiers concernant Lovana. C'est le moment. Je veux savoir qui étaient ses agresseurs, comprendre ce qui les a poussés à agir, sentir ce que ça leur a fait, à eux.

Je trouve rapidement un beau nid de guêpes sur Facebook. À la différence du *neurchi des petits cœurs en sucre,* ce groupe-ci est public, ce qui signifie que n'importe qui peut commenter les posts. Il a été créé en juillet 2009, quelques jours après la diffusion du reportage de France 3 Provence. Son nom est *Fan Club de Lovana du 13.* Il compte encore 139 followers. Le dernier commentaire date de mars dernier, il est l'œuvre d'un jeune homme qui ne devait avoir que trois ou quatre ans au moment des faits.

Lovana, ça date. C'était trop le bon temps. Tu ne le sais peut-être pas, mais tu es une légende pour toute notre génération. Force à toi et à tous les chiens de la casse.

Hier bouc émissaire, aujourd'hui doudou numérique. J'aimerais savoir ce que Lovana pense de cette évolution, si elle est consciente d'être devenue un objet de nostalgie. Si ça lui fait une belle jambe ou si, tout de même, ça la touche qu'on s'intéresse encore à elle sans méchanceté.

Pour une fois, je n'avance pas tout à fait à l'instinct. Je cherche un harceleur si l'on peut dire « banal », quelqu'un qui nous ressemble et aurait salement dérapé. D'abord, repérer les plus gros contributeurs du groupe. J'en prends dix, tous ont balancé au moins une vingtaine de messages. Pas juste un petit crachat pour le plaisir en passant, mais un rendez-vous avec la haine honoré sur de longs mois. Sur plusieurs années même pour deux d'entre eux, qui ont continué à s'épancher jusqu'en 2014. Ceux-là sont des *haters* professionnels, je m'en rends compte en regardant leur historique, ils ne font qu'asséner des coups à tout va. Passons.

Sur les huit qui restent, cinq profils semblent abandonnés depuis longtemps.

Ils ne sont désormais plus que trois, trois trentenaires lambda. Numéro 1 aime beaucoup s'immortaliser dans les capitales d'Europe et d'Asie en brandissant fièrement le V de la victoire, bras tendus. Numéro 2 parle de foot, de bières entre potes et de sociétés occultes qui tirent les ficelles de notre pauvre monde. Depuis trois ans et après un long silence numérique, numéro 3 ne poste que des photos de troncs d'arbres et de cailloux, sans commentaire et dans l'indifférence générale. Si j'avais un compte Facebook, mon mur ressemblerait sans doute au sien. C'est cette proximité qui me décide : c'est à lui que je vais m'adresser.

Numéro 3 se fait appeler BêteDuGé. Entre juillet et décembre 2009, il a nourri le *Fan Club de Lovana du 13* de dix-huit messages et surtout d'une vidéo filmée dans sa chambre. Il y apparaît vêtu d'une chemise violet vif et le visage dissimulé par un casque de moto trail. Il pose un rap tranquille sur la bande instrumentale de *Mistral Gagnant*. Sa voix est claire, diction impeccable, il n'hésite pas. Il a dû beaucoup répéter, ou alors il est doué.

D'où tu mets ta sale gueule d'attardée sur YouTube
D'où tu prends l'instru, lâche-la vite, sale pute
T'es aussi laide que conne, d'où tu rappes la rue ?
Miramas te veut pas, la France entière veut ta perte
Depuis cette vidéo, ta vie est en course poursuite
En ce moment, ma tchouin, tu sais plus où tu erres
Fusil à pompe, lance-roquette, Lovana les mains en l'air.

Je me lance.

Messenger : *Vous souvenez-vous de Lovana du 13 ?*

Deux minutes plus tard, une réponse. *Oui.*

Une belle connerie

Et maintenant, quoi ? Me voilà prise au dépourvu. Je ne m'attendais pas vraiment à ce qu'il réponde, encore moins aussi vite. Ça m'apprendra à appuyer sur la touche « Envoi » sans réfléchir. J'aurais dû retenir la leçon de TitaniumGrip.

Qu'est-ce que je vais bien pouvoir dire à BêteDuGé ?

Qu'est-ce que je cherche au juste ?

Tentative de liste. Carnet, crayon.

Ça ne vient pas.

J'écris péniblement quelques mots, *comprendre*, *prise de conscience*, *pardon*, et je m'arrête là, le crayon suspendu dans le vide.

Ma fenêtre Messenger est restée ouverte. Trois petits points de suspension se mettent soudain à danser. Il m'écrit. Mon cœur se met à battre plus fort. Finalement il ne dit rien, les points disparaissent. Quelques secondes plus tard, ils reprennent leur gigue. S'effacent encore. Nouveau silence. Interminable.

Enfin sa réponse : *Qu'est-ce que vous voulez ?*
Je rabats l'écran de mon ordinateur.

Je descends au jardin pour me calmer un peu. Ici aussi la nuit est splendide, piquetée d'étoiles brillantes comme des sous neufs, la lune montante en majesté. Quelque chose me frôle la cheville. C'est doux et furtif. Oga la chasseresse est de sortie. Tremblez lérots et musaraignes. Une brise légère s'est levée, m'apportant le parfum âcre des lierres. Dans la maison, toutes les lumières sont éteintes, sauf celles de la verrière au dernier étage. Mes parents adorent y lire le soir. Je pourrais monter leur parler, ouvrir les vannes et tout sortir en vrac, Lovana, les harpies, les paysages meurtris, les polluants éternels et la litanie des disparus. Prononcer haut et clair le prénom de ma sœur ; maintenant je sais qu'ils l'entendraient. Je sais aussi qu'ils me diraient que ça ne sert à rien d'avoir peur des fantômes et de ce qui nous empoisonne, qu'il faut apprendre à vivre avec. Je vais essayer.

De retour dans ma chambre, je réponds à BêteDuGé. Je demande simplement : *Qui est Lovana pour vous aujourd'hui ?*

Nous discutons longtemps, d'abord par messages vocaux, puis finalement, à 1 heure du matin, nous décidons d'une visio.

La « bête » s'appelle Sébastien. Il a trente et un ans, il est châtain, grand, costaud. Les favoris épais qu'il laisse pousser ne parviennent pas à faire oublier une calvitie naissante. Ses yeux sont clairs, limpides même. Derrière lui, je devine une pièce qui n'a rien à envier à ma chambre question blancheur et minimalisme. Il est médecin à Lyon, au sein d'une grande entreprise où il s'occupe de la santé au travail des collaborateurs et de la prévention des risques sanitaires et psychosociaux. Je trouve ça assez ironique.

Il a grandi dans une famille sans histoires, fils unique et tardif d'un couple de médecins. Il dit de son enfance qu'elle a été « normale », à l'abri du besoin, privilégiée. Sans grande envie, cependant. Il aurait pu se contenter de suivre la voie tracée par ses parents et leurs ancêtres avant eux, carabins de pères en fils. Le travail ne lui a jamais fait peur. Il n'était pas l'élève le plus brillant, loin de là, mais il s'en est sorti vaille que vaille en bûchant tous les soirs. Des amis ? Comme tout le monde. Surtout à la fac de médecine, là c'est obligé de « cultiver des liens sociaux, sinon tu ne survis pas ». Il prononce mot pour mot « cultiver des liens sociaux ». Il déroule le fil de sa vie d'un seul tenant, du point *a* au point *b* sans le moindre nœud. Tout semble couler de source.

« Et Lovana ? »

Un bref silence. « Une belle connerie. J'ai voulu briller. C'était un sujet porteur, j'en ai profité. Elle nous faisait tous marrer, sa vidéo. Tout le monde se foutait de sa gueule, j'ai suivi le mouvement. »

Je le laisse continuer un peu.

« Bon, à la réflexion, c'était pas cool. On n'est pas forcément malin quand on est jeune. Maintenant, évidemment, je ne ferais pas la même chose, mais à l'époque on ne savait pas réellement comment ça fonctionnait, les réseaux. J'y voyais surtout un lieu où je pouvais être moi-même, mais en mieux, un peu plus beau, un peu plus fort. Je n'ai rien d'un caïd, je n'ai jamais eu confiance en moi, internet c'est magique pour ça, on se sent pousser des ailes derrière l'écran. »

Quand il dit ça, je sens mes tempes se serrer de colère. Je respire longuement pour ne pas laisser ma voix s'envoler.

« Et la vidéo avec le casque de moto, vous en pensez quoi aujourd'hui ? »

Totalement oubliée.

« Rappelez-vous, le rap sur *Mistral Gagnant.* »

Jamais revisionnée depuis tout ce temps.

Je lui envoie le lien. Les premières mesures me parviennent étouffées. Son expression se fige immédiatement. Ses sourcils se crispent.

Quand il s'entend proférer « la France entière veut ta perte », il appuie sur « Stop ». Il lève le menton en inspirant fortement, il cherche de l'air. Il écrase le tranchant de son pouce sur sa bouche. Ses yeux ne trouvent pas où se poser. Moi non plus, je ne sais pas quoi dire. Il se ressaisit avant moi.

« Le plus dur, lâche-t-il, c'est que je me reconnais parfaitement. J'aimerais tenir cet ado à distance, n'être plus lui. Mais c'est moi, là, sans aucun doute. Je n'avais pas vu ces images depuis plus de dix ans et là, dès la première phrase, tout est remonté à la surface. "Sale pute…" Je pourrais encore le dire pareil. Mon corps n'a rien oublié. Tout à l'heure, je vous parlais d'un gars normal qui voulait briller et s'amuser un peu. C'est très douloureux de se redécouvrir comme ça après tant de temps. Très douloureux… »

Il marque une pause. Maintenant ses yeux sont rivés aux miens comme s'il cherchait à y lire ses propres pensées. Je ne les lâche pas.

Je repasse la conversation avec Arthur dans ma tête. Là, tout de suite, j'aimerais pouvoir ranger Sébastien dans une case. *Hater* pervers en quête de pouvoir et de jouissance ? Malchanceux devenu méchant pour sauver sa pauvre peau ou mouton normopathe ? Mais ce n'est pas une conversation d'une heure qui peut m'autoriser à mettre une étiquette sur un comportement, surtout quand il est observé en dehors de tout contexte, quinze ans après les faits.

J'ai l'impression d'avoir ouvert la trappe d'un endroit très sombre, peuplé de colères, d'angoisses et de frustrations qui ne demandaient qu'à sortir.

Qui n'attendaient qu'un signe pour se ruer à tire-d'aile sur la lumière bleue des écrans.

Sébastien n'a pas bougé. Il relance la vidéo et cette fois il ne la regarde pas, il l'écoute seulement, les yeux fermés, jusqu'à la fin. Enfin il me sourit tristement et coupe la conversation.

En paix

La région où j'ai grandi n'est que bois, vastes plaines et grandes cultures. Des champs à perte de vue qui changent tous ensemble de couleur aux mêmes dates, vert tendre, vert vif, jaune clair pour le blé, blond pour l'orge, poussin pour le colza, brun enfin. En cette queue d'été, tout a été moissonné depuis longtemps, des tracteurs s'activent au déchaumage, traçant de belles lignes dans la terre. Si je reviens dans quinze jours, toute la contrée sera tapissée d'un velours de vulpins, de bromes, de liserons et de renouée des oiseaux. Je ne me suis jamais demandé si j'aimais ces paysages, ils sont en moi, de toute éternité. Les chemins me connaissent, les haies m'ont vu grandir, comme elles ont vu grandir mes parents.

La température est descendue dans la nuit. La rosée ne s'est pas encore totalement évaporée. L'herbe du chemin est humide contre mes chevilles. Nos pas ne soulèvent pas de poussière. Quelques insectes zon-

zonnent mollement. Il n'y en a presque plus dans les parages, beaucoup moins qu'à Miramas en tout cas.

Mon père s'arrête net, ma mère et moi échangeons un sourire. Je sais qu'elle est heureuse de voir ce rituel reconduit une fois encore. La visite au sanatorium en ruine, la promenade dans les champs, nous sommes une famille de rituels. Nous voici arrivés au calvaire. La présence de ce monument modeste au carrefour de deux sentiers au beau milieu de la plaine a toujours été un mystère pour moi. Une simple croix trapue fichée dans un long cône, le tout en granit, mais de deux nuances différentes, gris pâle au sommet, presque noir pour la base. Rien d'autre. Personne ne la fleurit jamais.

Depuis toujours, pour une raison que j'ignore, mon père prend des photos exactement depuis cet endroit-là, comme si la croix avait des yeux. Dans un album couvert de percaline, nous préservons ainsi l'autobiographie en images d'un calvaire de granit anonyme sur près de cinq décennies. Comparée à mon père, je suis une petite joueuse avec mon projet sur quinze ans.

La plupart des images ne présentent que les champs qui s'étendent à perte de vue, mais parfois nous sommes là, sous l'objectif. Maman seule, sourire gauche, ses larges mains plaquées sur les poches avant de son pattes d'eph, les pieds déjà chaussés de ses sabots. Papa et maman s'étreignant dans la brume du petit jour, lui sur la pointe des pieds. Maman à nouveau seule, le ventre rond sous une robe très courte. Ève floue, bien trop vive pour le regard de pierre. Eux trois, papa à mi-course, interrompu par un retardateur mal réglé. Ève et maman, enceinte à nouveau, mais cette fois-ci engoncée dans un jogging mauve et vert amande du plus bel effet. Moi bébé, assise dans l'herbe du chemin, les sourcils froncés et l'index dressé dans une imprécation muette. Nous quatre, plusieurs fois. Puis nous trois.

Dans cet album-là, il manque une photo. Je sais qu'elle aurait dû y être. Le jour où je l'ai extirpée d'entre les pages vierges d'un autre volume, j'ai reconnu l'arrière-plan au premier coup d'œil.

Je fais signe à mes parents, leur tends mon portefeuille. Approchez, approchez. C'est maman qui trouve le rectangle de papier aux angles écornés par les frottements. Elle l'observe en souriant, puis la tend à mon père. Quand celui-ci esquisse le geste de me la rendre, je l'arrête. « Reprenez-la, elle sera mieux avec les autres. »

Mon père dépose alors le cliché au beau milieu du chemin, dans l'ombre du calvaire. Il réinstalle son appareil sur le montant de la croix et déclenche. Puis il récupère la photo par terre, l'époussette avec délicatesse et nous repartons, en direction de l'est.

Si nous continuons tout droit sur deux kilomètres, nous arriverons au canal. Je sais que je pourrai le contempler en paix.

Article 222-33-2-2 du Code pénal

Le train pour Miramas part dans deux heures. C'est la fin des grandes vacances, la gare de Lyon est pleine à craquer. J'ai dégotté un coin presque calme dans une sandwicherie. Le brouhaha est tellement envahissant que personne n'entend les deux chats brailler. Ils en ont marre, ils veulent retrouver le grand orme, les merles trop rapides pour eux et les tougoudoum, tougoudoum. Pour ma part, je souhaite faire une dernière chose avant de replonger dans le quotidien miramasséen. La page du *neurchi des petits cœurs en sucre* est encore dans mes favoris, il faudra que je la supprime définitivement. Depuis ma dernière visite, il y a eu plusieurs pages de nouvelles horreurs, je n'ai absolument aucune envie de les lire.

Cette fois-ci, je ne vais pas sous-mariner, encore moins rejoindre le chœur des méchants. La fenêtre de dialogue de Facebook m'encourage : *Exprimez-vous*. Je réécris plusieurs fois ma phrase avant d'appuyer sur la touche « Entrée ».

À qui va votre haine ?

Une maigre goutte d'eau dans un océan putride, mais je devais le faire, même si vite, vite, elle sera effacée par un modérateur. C'est à Sébastien que je pense à ce moment-là, à sa détresse d'adulte confronté à celui qu'il a été. Certains parmi ceux qui passent là seront peut-être comme lui un jour. Je n'aimerais pas être à leur place.

Dans la foulée, j'envoie l'URL de la page à la plateforme Pharos, qui recense depuis 2009 tous les signalements de contenus et comportements en ligne illicites. Je ne peux pas aller au bout de la procédure. *Nous vous remercions pour votre démarche. Toutefois, le contenu que vous avez mentionné nous a été signalé à de très nombreuses reprises. Il n'est donc pas nécessaire de poursuivre votre signalement.*

Mon premier réflexe est de sourire. Ce message automatique m'apporte la preuve que dans l'ombre, il n'y a pas que des monstres. Je me prends même à rêver qu'ils sont nombreux ceux qui ne tolèrent pas l'intolérable, qui veulent endiguer les torrents de boue.

Mais si « ce contenu nous a été signalé à de très nombreuses reprises », pourquoi est-il toujours là, accessible en deux clics ? Il suffit de ne pas écrire

« grosse », mais « grOsse » pour que passent crème baleines et bains de beurre ?

La triste réalité c'est que la justice du monde réel ne court pas aussi vite que les méchants du monde virtuel. Pourtant l'article 222-33-2-2 du Code pénal est clair :

Le fait de harceler une personne par des propos ou comportements répétés ayant pour objet ou pour effet une dégradation de ses conditions de vie se traduisant par une altération de sa santé physique ou mentale est puni d'un an d'emprisonnement et de 15 000 € d'amende lorsque ces faits ont causé une incapacité totale de travail inférieure ou égale à huit jours ou n'ont entraîné aucune incapacité de travail.

L'infraction est également constituée :

a) Lorsque ces propos ou comportements sont imposés à une même victime par plusieurs personnes, de manière concertée ou à l'instigation de l'une d'elles, alors même que chacune de ces personnes n'a pas agi de façon répétée ;

b) Lorsque ces propos ou comportements sont imposés à une même victime, successivement, par plusieurs personnes qui, même en l'absence de concertation, savent que ces propos ou comportements caractérisent une répétition.

L'article précise en outre que la sanction pourra être alourdie à trois ans d'emprisonnement et 45 000 euros d'amende lorsque la victime est considérée comme « vulnérable ».

La première version du texte de loi date de 2014 ; il a depuis été modifié deux fois. Il y a quatorze ans, si Lovana ou ses parents avaient voulu porter plainte, ça n'aurait pu être qu'au titre de l'injure ou de la menace publique. Autant dire qu'ils n'avaient aucune chance d'être entendus. Désormais, c'est trop tard pour eux, les délais de prescription ne sont que de six ans. Encore aujourd'hui, l'action en justice est un parcours du combattant, faute de moyens humains dans les services concernés.

Les choses avancent cependant. Lentement et à petits pas, mais elles avancent. En juin 2020, une loi visant à lutter contre les contenus haineux sur internet est adoptée après une intense bataille législative et une censure quasi totale du Conseil constitutionnel. La principale mesure conservée porte sur la création d'un parquet spécialisé. Ce Pôle national de la lutte contre la haine en ligne (PNHL) compte maintenant huit magistrats. Ils ont traité plus de 1 500 dossiers entre 2021 et l'été 2023. Les premières condamnations sont tombées.

En juin 2021, onze personnes, dont deux femmes, sont condamnées à des peines allant de quatre à six mois de prison avec sursis pour des salves de cyberharcèlement visant une jeune fille de seize ans qui avait violemment critiqué l'islam en réponse à des insultes en ligne. Un an plus tard, six autres personnes seront condamnées à leur tour, pour une seconde campagne de persécution.

En juin 2022, un ingénieur informaticien est condamné à dix-huit mois d'emprisonnement avec sursis et à 10 000 euros de dommages et intérêts pour menaces de mort envers une journaliste télé. « Le couperet tombera immanquablement sur votre tête bien faite. »

En août, un ex-étudiant en philosophie est condamné à cinq mois de prison avec sursis probatoire pour des faits similaires, perpétrés à l'encontre d'une chroniqueuse radio. « J'aimerais baiser son cadavre pendant que son mec regarde. »

En décembre de la même année, onze hommes ont été condamnés pour propos haineux et homophobes envers un chanteur. Les peines infligées vont de trois à six mois avec sursis.

En mars 2023, un Nancéen est condamné à quatre mois de prison avec sursis pour injures, menaces et appels au viol sur Facebook envers une étudiante qui s'était plainte d'une agression de rue sur les réseaux sociaux.

Il y a deux mois, le harceleur d'une chanteuse a été condamné à huit mois de prison dont deux ferme. Âgé de dix-huit ans au moment des faits, le jeune homme a expliqué avoir « simplement voulu se défouler » et « n'avoir jamais pensé à mal ». « On va te saigner, grosse truie. »

Quant aux réseaux sociaux, ils sont tranquilles, protégés des assauts des législateurs par le sacro-saint principe de la liberté d'expression. Personne, dans les pays occidentaux, n'a trouvé les moyens de les contraindre à surveiller ce qui se passe chez eux et à supprimer systématiquement les contenus délictueux. Harceleurs, dormez en paix, personne ne viendra vous déloger.

Dans la vraie vie

Cette fois-ci, pas de dé. Au moment où je m'asseyais près de mon platane, Eden est venu à ma rencontre avec un café et des informations dont je n'osais pas rêver : il a croisé Lovana à l'école de ses enfants, il a même mené sa petite enquête pour savoir où elle habite et où elle travaille. Elle n'a pas beaucoup changé. Mes dés attendront. Ma semaine de reconduction de septembre se déroulera station 9, aux Ruches.

Pour ma marche d'approche, j'ai fait sobre. D'abord l'avenue de la République, moins pompeuse que son nom majestueux pourrait le faire croire. Une sage rangée de maisons de tailles et d'époques variées. Elles sont pimpantes pour la plupart, présentant de mignons jardinets et des façades impeccables, variations subtiles sur un thème d'ocre pâle. Un soir, il y a quelques années, j'ai profité de la belle lumière pour réaliser un recensement photographique des clôtures en ciment moulé et armé des années 1930-1940. Les plus jolies viennent d'ici, tressages façon osier et corbeilles fleuries sur fond de troènes odorants.

Arrivée rue de l'Abbé-Couture, la trame urbaine se relâche. Quarante ans en arrière, c'était encore le royaume de la Crau sèche, en plein été ça se sent, il y a dans l'air des effluves de pierres chauffées au soleil et des vibrations de colère divine ; Zeus nous surveille peut-être du haut de ce curieux lycée postmoderne qui empile colonnes à l'antique, fenêtres à fronton et arcatures en tous genres.

Un peu plus loin, c'est le lac de Saint-Suspi, étang de Berre miniature né des mains de l'homme. Le golf, bientôt, au bout d'un paisible chemin bordé d'oliviers et de chênes verts. À cette heure-ci, les parcours sont désertés, les pelouses manucurées semblent profondément assoupies. Quelque part dans mon dos, un système d'arrosage ronronne, tout en chuintements paresseux. Enfin le tertre, son banc de pierre aux pieds griffus et ses deux cyprès de part et d'autre. Je m'assieds.

Vues d'ici, avec ses immeubles trapus aux teintes roux et sable, les Ruches font penser à l'une de ces cités du désert au royaume de Saba, Kahel ou Shibam.

Sur les images satellites, la cité des Ruches dessine comme une fleur au nord-est de la ville. Chaque pétale est un immeuble composé de modules de hauteurs variées, tous hexagonaux, d'où son nom. Les toits-terrasses sont blancs et on devine là-haut des transats, des salons de jardin, de la végétation en bac, un grand parasol mauve et même deux petits bassins pour enfants, en forme de coquille Saint-Jacques.

L'ensemble date de la fin des années 1970, il a été construit pour accueillir les familles de mineurs en provenance d'Alès et de Saint-Étienne, transférés ici pour travailler dans les mines de Gardanne à la suite de la fermeture de leur site respectif. Quand elles ont fermé à leur tour vers l'an 2000, il n'y a pas eu de nouveau transfert. Tout le monde est resté aux Ruches et s'est débrouillé comme il a pu pour trouver un nouvel emploi. Beaucoup n'ont pas réussi. Encore aujourd'hui, le taux de chômage est plus élevé aux Ruches que partout ailleurs dans la ville. Ici, le polluant éternel, c'est le capitalisme.

Quand j'ai posé mon trépied ici pour la première fois, les habitants s'étonnaient de ma présence. On m'a demandé mille fois si j'étais journaliste, agent de la mairie, flic même. Certains se méfiaient ouvertement, d'autres se fâchaient, tu te crois au zoo ? À force, j'ai fini par me fabriquer un court argumentaire, ce qui m'intéresse, dis-je désormais à ceux qui me questionnent, ce sont les signes de toutes les vies qui se déroulent là, les humains, les animaux, les plantes, tout… Je leur montre les photos. Parfois, elles délient leur langue. Cette poubelle-là, on la visait avec le ballon. Si on la touchait, c'était trois points. La dame avec la terrasse qu'on voit là, à gauche, elle est morte l'an dernier. Vous avez vu ce trottoir dans l'état qu'il est ? C'est une honte de le laisser comme ça. Maintenant, je passe presque inaperçue et c'est très bien comme cela.

Toute la journée, j'ai eu la tête ailleurs. J'ai vibrionné de point en point le cœur tambourinant. J'ai sursauté à chaque silhouette apparaissant dans mon viseur. Je m'imaginais que c'était comme ça que j'allais la rencontrer, par écran interposé.

Mais non.

Alors finalement j'ai suivi le conseil d'Eden. L'attendre à l'école.

J'y suis depuis 16 h 20. À 35, j'ai vu les garçons d'Eden sortir de l'établissement. Le plus jeune m'a aperçue, il m'a fait coucou avant de filer en bondissant à la suite de son grand frère. Depuis, plus rien. Voilà bientôt une heure et demie que je musarde à proximité, l'appareil aux aguets. J'ai pris plusieurs photos du château d'eau qui se dresse juste à côté de l'école, suivi un duo de lézards lambinant sur les murets de pierre. J'ai aussi inventorié les cabochons de terre cuite émaillée qui décorent le soubassement de la grille. En tout, j'ai décompté douze nuances de bleu cobalt. Ne trouvant plus rien à faire, je me suis postée sur un banc près de l'entrée et j'ai écouté la conversation nourrie entre une tourterelle et une corneille qui doivent être cachées dans l'un des grands pins maritimes.

Il est 18 heures, un petit groupe de parents s'est formé devant les portes de l'école. C'est Lulu que je vois en premier. Avec sa haute taille, ses cheveux ras, son attitude de vigile, je ne peux pas la rater. Elle tient un chien au bout d'une laisse courte, un staff gris.

Et puis, juste à côté, la voilà.

Tu existes donc bien dans la vraie vie. C'est la première chose qui me vient en tête quand je la vois. Une femme de chair et de sang.

Eden avait raison, Lovana n'a pas beaucoup changé. Si Bellini reprenait son portrait aujourd'hui, il n'aurait qu'à ajouter de minces traits d'orpiment dans ses cheveux bruns et quelques touches de terre de Sienne pour creuser légèrement ses joues. Il devrait peut-être aussi retoucher un peu ses mains, les débarrasser de leur mollesse enfantine. Ses mains travaillent, ça se voit au premier coup d'œil, elles ont des gestes sûrs, précis, elles n'ont pas de temps à perdre.

Deux petites filles déboulent en criant : « Maman ! » L'une d'elles, presque blonde, se jette dans ses bras. L'autre fonce sur Lulu. Lovana caresse furtivement la tête de l'enfant, se penche pour renouer une de ses nattes. Puis toutes les quatre s'éloignent.

J'attends un peu et je les suis. Les battements de mon cœur ont retrouvé un rythme normal, je respire à nouveau calmement.

Les deux femmes marchent du même pas. Je n'ai pas l'impression qu'elles se parlent mais il est évident qu'elles se connaissent bien. On croirait que rien ne s'est passé entre elles il y a quatorze ans. Quand Lulu s'arrête pour refaire son lacet, elle tend la laisse de son chien à Lovana qui s'en empare, naturellement. En se redressant, Lulu me reconnaît, j'en suis sûre. Elle attrape sa fille par la manche d'un geste brusque. Une fois encore, son regard prend la fuite.

Nous voici arrivées au cœur des Ruches. Elles s'arrêtent pour échanger quelques mots. D'où je suis, je n'entends rien, elles parlent à mi-voix. Le chien s'est couché aux pieds de Lulu, il se roule sur le dos, offrant son ventre au soleil couchant. Tout autour, les immeubles dressent leurs orgues brunes.

C'est ici que leurs chemins se séparent. Avant de se quitter, leurs petites se font un dernier câlin en riant fort. Lovana part à gauche. Je m'engage à sa suite en tripotant l'appareil qui pend toujours à mon cou pour me donner l'air occupé. Ma filature est de courte durée. À l'angle du bâtiment N, elle sort ses clés, pousse un portillon de métal et s'engouffre avec sa fille dans un petit escalier extérieur en spirale qui dessert un appartement au premier étage.

Ça ne peut pas finir comme ça. Je reviendrai demain.

Les pièces manquantes

Je ne te dirai rien. Je suis maladroite, je risquerais de te blesser. De te replonger dans les flots noirs que tu as eu la force inouïe de traverser. Je veux juste m'approcher un peu, observer à distance, prendre le temps de supposer celle que tu es devenue, imaginer les pièces manquantes du puzzle.

Tu prends la direction du sud. Tu portes une veste en jean, il commence à faire frais, j'aurais dû faire comme toi. Tes cheveux sont attachés en queue de cheval basse, j'imagine que c'est plus pratique pour travailler. Tu as deux kilomètres à parcourir pour aller au travail. Tu connais un chemin qui te ferait économiser cinq minutes mais tu devrais longer une zone industrielle et tu n'aimes pas ça. Sur la route que tu as empruntée, il y a de la vie, des enfants vont au stade, à la piscine. Si ça se trouve, tu pourrais même croiser ton fils avec sa classe au retour, parce que tu as un fils aussi.

Au premier carrefour, tu salues le petit groupe des pépés qui se rendent à la mosquée. Ils te sourient. Parmi eux, monsieur Benali. Il habitait à côté de tes parents et venait parfois donner un coup de main pour du bricolage ; en échange, peut-être que tu arrosais ses plantes quand il partait au bled. Il me salue aussi d'un geste, on s'est déjà croisés plusieurs fois aux Ruches, il passe beaucoup de temps dehors à observer la vie qui va là. Ça me fait plaisir de voir que vous vous connaissez, je suis sûre qu'il t'a toujours souri, même quand les diables se sont disputé tes entrailles.

Tu t'engages dans l'avenue du Nord, qui file tout droit vers le boulevard de l'Olympie, passes devant les équipements sportifs construits récemment. Tu accélères le pas, comme si tu avais peur d'être en retard. Tu n'as pas un coup d'œil pour le grand espace agricole que nous longeons désormais, à soixante ou soixante-dix mètres l'une de l'autre. Il faut dire que ses abords ne sont pas attrayants avec tous ces taillis jonchés de détritus. Tu ne regardes pas non plus le canal, qui n'est pas le mien, mais celui de Craponne, celui qui débouche dans l'étang de Berre. Il miroite étrangement. Je prends une photo à la volée. À cet endroit, le canal est étroit, parfaitement rectiligne et affleurant, comme si une faille s'était brutalement ouverte dans le sol pour laisser apparaître une mélasse chimique aux couleurs de l'arc-en-ciel. Cette petite silhouette à l'arrière-plan, qui marche au bord des eaux mauvaises, c'est la seule photo que je ferai de toi. Je la punaiserai sur le mur derrière mon bureau, ultimes confins d'Anf Vroin.

Un autre virage et tu arrives enfin à l'Emporium. Tu vas toquer à la fenêtre de la loge du gardien de nuit. C'est là que tu récupères les clés du local où on stocke ton matériel. Au début, le gardien te prenait un peu de haut, mais maintenant il s'est adouci. Il te sert parfois un café quand tu arrives, il y en a toujours dans sa cahute. Tu émarges la feuille de présence. Dans cinq minutes, il sera 8 heures, tu es ponctuelle.

L'Emporium est encore désert. Les employés des restaurants vont bientôt arriver au compte-gouttes, puis ceux des magasins débarqueront en masse. À toi de jouer pour que leur outil de travail soit impeccable à l'ouverture. Trois fois par semaine, lundi, mercredi, jeudi. Ça ne te dérange pas de travailler seule la plupart du temps. Tu n'as pas vraiment envie de discuter, ce n'est pas ton fort. Ça ne l'a jamais été, ça ne le sera jamais plus.

Tu branches tes écouteurs.

Le bruit de la lune qui recule, qui passe sous les nuages. Les mots en espagnol. Puis la voix douce de Vincenzo, pile en même temps que le piano.

Toujours la même pensée
J'ai hâte d'être à ce soir, de te voir
Car t'es la seule à qui j'me confie et qui peut me voir
Mon ange gardienne, à qui je fais la bise
Qui veille sur mes conneries qui m'font flancher comme la tour de Pise[1].

Le rap que tu écoutes, c'est tout ce qui te reste de la vie d'avant, quand l'air était léger, que tu ignorais la foudre, l'époque où tes parents invitaient les voisins le week-end et où ta sœur riait pour un rien. Tu gardes ton lecteur MP3 dans un tiroir de ta chambre, bien à l'abri dans son étui violet assorti à l'appareil. Ta grand-mère te l'a offert quand tu es entrée au lycée pro. Un modèle tout simple, de la taille d'une cigarette électronique, il en a d'ailleurs la forme, le poids, la laque brillante. Dedans, il y a toute ta jeunesse, téléchargée à partir des CD achetés mois après mois avec l'argent du baby-sitting : Lino, sa voix nasillarde et son *Paradis Assassiné*, le *Jihad* de Médine, la poésie de Dany Dan, *Paraît qu'le sommeil est ton cousin, le ciel est ton père / Qu'la mort est ta sœur, la terre est ta mère / Tu es ma vie*[2]. Les Marseillais de la grande époque, IAM, Keny Arkana,

---

1. Psy4 de la Rime ft. Ana Torroja, *Enfants de la Lune* © 361 Records, 2005.
2. Dany Dan, « Sunshine », *Poétiquement Correct* © Disques Durs, 2006.

Kalash l'Afro ton presque voisin grandi juste à côté de l'étang lui aussi, l'Algerino, Le Rat Luciano et toute la Fonky Family, Soprano et les Psy4 de la Rime…

Sur les photos que tes parents ont conservées des années 2007 à 2009, tu le portes systématiquement autour du cou, comme un gros pendentif. Maintenant, tu le recharges de temps en temps pour vérifier qu'il vit encore.

D'abord, les parties communes. Ça, tu n'aimes pas. Il faut progresser mètre par mètre, en tirant le chariot de propreté. Il faut enlever tous les débris végétaux autour des pots. Quand il a plu la nuit, tu dois décoller les feuilles et les pétales tombés. En cette fin d'été, les petits arbres de la place principale ont des fruits rouges qui font des taches sur le dallage. Tu es obligée de frotter à l'acide oxalique dilué. À l'automne, les sacs à déchets verts se remplissent vite. Tu en changes plusieurs fois au cours de ta tournée. Il faut aussi faire disparaître les détritus abandonnés sans scrupule par les visiteurs, les cannettes dans le bac de droite pour le recyclage, le reste à gauche. Pendant les soldes, c'est vraiment dégoûtant ce que jettent les gens. On dirait qu'ils font exprès de tout piétiner pour que ça s'incruste mieux dans les rainures du pavage.

Ensuite, vider toutes les corbeilles. Il y en a dix-huit. Les pires sont celles à côté du Starbucks. Quand le sac perce, tu dois affronter un jus collant et sucré. Ton estomac se retourne à chaque fois. Tu te souviens de ce lundi où tu as retrouvé les traces de ton week-end dans l'un de ces sacs. C'est d'abord le bleu et l'argent de la cannette de Redbull que tu as repérés. Lulu en buvait déjà quand vous étiez jeunes. Elle pensait que ça lui donnait l'air plus adulte. Toi, tu étais rebutée par l'amertume. Tout contre, les bouteilles de Volvic Fraise de vos filles, le Fanta de ton garçon. Ton Coca enfin, juste en dessous. Tu as trouvé ça triste, sans bien savoir dire pourquoi. Vous êtes très seules toutes les deux, c'est peut-être ça qui fait que vous êtes proches, malgré tout.

Quand la tournée de corbeilles est finie, tu rassembles les sacs dans le bâtiment réservé à l'entreposage des poubelles. Une entreprise passe les collecter chaque soir. Ensuite, tu vérifieras les toilettes. Ce n'est pas toi qui assures le nettoyage, mais tu dois veiller à ce que tout soit nickel, que les femmes de ménage que tu n'as jamais vues ont bien signé les bordereaux à chaque passage. En cas de choses mal faites, tu dois les signaler, mais il n'y a jamais de problème. Il faut aussi remplir les distributeurs de savon et de gel hydroalcoolique. Vérifier que tous les sèche-mains fonctionnent. Tu passes un coup de chiffon sur les tableaux affichés dans l'entrée, tu t'appliques, tu aimes quand c'est impeccable.

Dans les blocs sanitaires, une même photo représente l'Emporium de nuit, désert, éclairé par les réverbères. Tu es l'une des seules à voir les lieux comme ça. Sans personne, ça paraît plus petit, la supercherie est plus facilement décelable ; on sent bien que c'est un faux village, que personne n'habite là. L'écho creux de tes pas ne trompe pas. Tu sais que derrière les jolies façades, derrière les parements en pierre taillée, il y a les mêmes réserves, les mêmes bureaux minuscules où les vendeurs viennent souffler un peu quand l'ennui cogne trop fort. Si les fenêtres s'allument à l'étage des maisons, c'est uniquement parce qu'une minuterie déclenche l'éclairage quand le soir tombe, avec un automate bien réglé pour que ça ait l'air naturel, comme si c'était la vraie vie.

Tu connais l'envers des rues, les passages dérobés qui mènent au cœur de la machine, où tu récupères chaque jour les cartons de toutes tailles, les cerclages coupants, les monceaux de fibres et de flocons de calage qu'il faut compacter dans de grands sacs ; les coussins en plastique transparent, que tu crèves un à un. Tu vois bien que les marchandises transitent sans s'arrêter, comme les clients. Tu espères que lorsque tes enfants seront à l'âge des désirs impérieux, tu pourras leur offrir ce qui se vend ici. Tu travailles pour ça, tu vas y arriver.

Dans tes oreilles, Psy4 de la Rime est revenu.
Là où on vit,
Là où on meurt,
Là où on rit,
Là où on pleure[1].

Dans ta tête, ta voix épouse les contours des mots à la perfection. Il t'arrive aussi de t'arrêter net au milieu d'un vers, on dirait que la vie vient de te quitter, pfft, comme ça.

1. Psy4 de la Rime, « Block Party », *Block Party* © 361 Records, 2002.

De la même autrice

La Famille, itinéraires d'un secret, Les Avrils, 2021. Points, 2022 (Prix du meilleur récit).

Les Avrils, une collection imaginée par
Sandrine Thévenet et Lola Nicolle.

Enthousiasmes littéraires

Conception graphique : Atelier 25.
Composition : Nord Compo.
Correction : Agnès Aubry.

Déjà parus aux Avrils

Raphaël Alix
Le Premier Homme du monde
Protocole miracle

Isabelle Boissard
La fille que ma mère imaginait
Camille va aux anniversaires

Lucile Bordes
Que faire de la beauté ?

Jeanne Broucq
Zéro virgule neuf pour cent

Didier Castino
Quand la ville tombe
Boxer comme Gratien

Guillaume Collet
Les Yeux de travers

Nicolas Delisle-L'Heureux
Un grand bruit de catastrophe

Martine Delvaux
Le monde est à toi
Pompières et Pyromanes

Arnaud Dudek
Le Cœur arrière

Martin Dumont
Tant qu'il reste des îles
Tempo

Dominique Fabre
Trois Passagers

Bertrand Guillot
L'Abolition des privilèges

Amandine Hamet
Les Couleurs

Driss C. Jaydane
Moïse de Casa

Bianca Joubert
L'Amérique n'est blanche qu'en hiver

Dimitri Kantcheloff
Supernova

Bill Kouélany
Kipiala ou la Rage d'être soi

Stéphanie Lamache
Objets, trajets

Alexandra Matine
Les Grandes Occasions
La Pire Amie du monde

Karim Miské
La Situation

Vidya Narine
Orchidéiste

Dan Nisand
Les Garçons de la cité-jardin

Lili Nyssen
L'Effet Titanic

Suzanne Privat
La Famille, itinéraires d'un secret

Johanne Rigoulot
Une fille de province

Isabelle Rodriguez
Les Orphelines du mont Luciole

Achevé d'imprimer par l'imprimerie Corlet,
à Condé-en-Normandie
ISBN : 978-2-38311-018-7
N° d'impression : 23120335
Dépôt légal : avril 2024